王平　徐功娣◎著

U0731490

海洋°
环境保护与
资源开发

HAIYANG

HUANJING BAOHU YU ZIYUAN KAIFA

九州出版社
JIUZHOUPRESS

图书在版编目（CIP）数据

海洋环境保护与资源开发 / 王平，徐功娣著. -- 北京：九州出版社，2018.12

ISBN 978-7-5108-7750-6

Ⅰ.①海… Ⅱ.①王… ②徐… Ⅲ.①海洋环境–环境保护–研究②海洋资源–资源开发–研究 Ⅳ.①X55 ②P74

中国版本图书馆 CIP 数据核字（2018）第 300092 号

海洋环境保护与资源开发

作　　者	王　平　徐功娣　著
出版发行	九州出版社
地　　址	北京市西城区阜外大街甲 35 号（100037）
发行电话	（010）68992190/3/5/6
网　　址	www.jiuzhoupress.com
电子信箱	jiuzhou@jiuzhoupress.com
印　　刷	廊坊市海涛印刷有限公司
开　　本	787 毫米×1092 毫米　16 开
印　　张	12.25
字　　数	220 千字
版　　次	2019 年 1 月第 1 版
印　　次	2019 年 1 月第 1 次印刷
书　　号	ISBN 978-7-5108-7750-6
定　　价	49.00 元

前言
Preface

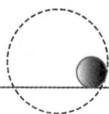

　　海洋是生命的故乡，海洋与人类关系密切。海洋环境指地球上广大连续的海和洋的总水域，包括海水、溶解和悬浮于海水中的物质、海底沉积物和海洋生物。海洋占地球面积的 70.8%，它从太阳吸收热量，又将热量释放到大气，从而调节气候。自 20 世纪 50 年代以来，随着各国社会生产力和科学技术的迅猛发展，海洋受到了来自各方面不同程度的污染和破坏，近来越来越多的迹象表明海洋已无力承受持续的污染，因此，海洋环境保护尤为重要。

　　海洋资源是指赋存于海洋环境中可以被人类利用的物质和能量以及与海洋开发有关的海洋空间。海洋资源按其属性可分为海洋生物资源、海底矿产资源、海水资源、海洋能与海洋空间资源。在当今全球粮食、资源、能源供应紧张与人口迅速增长的矛盾日益突出的情况下，开发海洋资源是历史发展的必然。

　　本著作分为上下两个篇章对海洋环境保护与资源开发进行系统的探究。上篇为海洋环境保护，第一章为海洋环境污染，揭示海洋环境污染的主要来源；第二章为海洋环境保护的理论与保护现状，阐述海洋环境保护的基本理论和现状；第三章为海洋环境保护技术，探讨海洋环境保护技术；第四章为海洋环境保护的法律问题，研究环境保护法律体系和海洋环境污染损害赔偿；第五章为海洋环境保护区的应用，阐述海洋环境保护区的模型研究、规划设计和建设管理等。下篇为海洋资源开发，第六章为中国海洋资源战略发展，阐述海洋开发的总体战略；第七章为海洋生物资源的开发，解释海洋渔业资源和海洋生物药用资源开发；第八章为海水资源、矿产资源与海洋能资源的开发，论述海洋固体矿产资源、油气资源和海洋能资源的开发；第九章为海洋空间文化资源的开发，探讨海洋空间资源、旅游资源和海洋文化遗产资源产业化的开发与发展道路；第十章为海洋资源的管理，概述海洋资源和生态管理。全书由海南热带海洋学院王平博士撰写，校生态环境学院徐功娣教授提出了宝贵意见，在此表示衷心感谢！

本书的研究工作得到如下科研项目的资助和经费支持：国家自然科学基金项目（41867046），海南省自然科学基金项目（417151），海南省特色重点学科建设方案（海洋工程学科和海洋科学学科），海南热带海洋学院博士科研启动基金项目（RHDXB201613），在此表示感谢！

由于作者水平有限，书中难免存在不足之处，恳请大家批评指正！

作 者

2018 年 11 月于三亚

Contents ● **目 录**

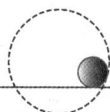

上篇：海洋环境保护

下篇：海洋资源开发

上篇：海洋环境保护

海洋是水上运输的重要通道。国际海洋货物运输虽然存在速度较低、风险较大的不足，但是由于它的通过能力大、运量大、运费低，以及对货物适应性强等，使它成为国际贸易中主要的运输方式。我国进出口货物运输总量的 80%～90% 是通过海洋运输进行的。海洋给我们的生活、生产带来这么多益处，越来越多的海洋大开发也对海洋造成了伤害。另一方面，人们一直把它视为倾倒垃圾废物的无底洞，同时又依赖它的取之不尽的雨水源。实则海洋本身是很脆弱的，自净能力有限。近来越来越多的迹象表明海洋已无力再承受持续的污染，我们要保护海洋。上篇主要介绍了什么是海洋污染、海洋污染的现状以及海洋保护的方式方法等。

第一章　海洋环境污染

近几年来，海洋环境受到了很大的污染，主要有海水污染、海洋垃圾以及海洋的石油开发带来的污染等。

第一节　环境、海洋环境与海洋环境污染的内涵

一、环境的内涵

环境，通常认为，就某一事物主体而言，其全部过程与现象及其周围的其他事物，都是中心事物的环境。

《中华人民共和国环境保护法》（简称《环保法》）中将环境规定为："本法所称环境，是指影响人类生存和发展的各种天然的和经过人工改造的自然因素的总体，包括大气、水、海洋、土地、矿藏、森林、草原、野生动物、自然遗迹、自然保护区、风景名胜区、城市和乡村等。"

各类辞书对环境的解释同《环保法》的表述基本类似，如《中国大百科辞典》解释为："环境是人类社会存在和发展的基本条件。包括自然环境和社会环境。前者是环绕人类社会的自然界，由地理位置、地貌、气候和生物、矿产等资源构成。后者是社会发展过程中人类创造的现存的精神和物质财富。狭义指具体的个人、群体社会境况。"由上述定义不难发现，环境概念最为本质之点，是以人为主体，相对于人类及其周围存在的一切自然的、社会的事物及其变化和表征的整体。

当前的理论和实践研究，存在一种较为普遍的倾向，就是把自然环境变为无所不含的极其宽泛的概念，即"广义环境"。甚至把自然资源完全融入环境之中，有时在实际工作中只有环境，而没有相对独立的资源概念，进而在事实上弱了资源及其相关工作。比如自环境污染受到关注以来，国际或国家的环境

机构和组织的活动，大有一统环境、自然资源之势。实际上，自然环境与自然资源两者之间并不存在固定不变的隶属关系，各有相对独立的内在规律，都是自然条件的基本因素，它们在一定的关系下，可以互为对方的内容：当我们以自然环境为对象讨论其组成因素时，自然资源就是环境的内容之一，即"资源环境"说；而当我们以自然资源为对象讨论其组成因素时，环境就转化为自然资源概念下的内容之一，即"环境资源"说。它们在系统中所处的层次和地位，并不是不变的。所以，无论是理论上，还是实际工作中，都不能歪曲环境与资源的关系，否则是有害的。

在过去，特别是在前几年，在"广义环境"大有一统环境、自然资源之势时，我们更应该强调环境问题的由来。我们所说的"环境问题""海洋环境问题"是指现代的"环境问题"、现代的"海洋环境问题"，而非古代的"环境问题"、古代的"海洋环境问题"。正如前面所说，现代的"环境问题"、现代的"海洋环境问题"是指在现代工农业的发展和陆地资源的开发、海洋事业的发展和海洋资源的开发过程中发生发展、形成问题、甚至成为灾难的。该问题的解决，如果就环境而言环境，只能解决环境的表观，不能解决环境的根本。要解决环境的根本，就必须从产生环境的根源入手，即资源的开发过程、技术、手段、方法、思想等方面和角度入手。

二、海洋环境的内涵

海洋环境是影响人类生活与发展的又一类自然因素的地理区域总体。尽管海洋环境是人们经常使用的概念，但其表达的形式或内容却有一定的差别。

按照《中国大百科辞典》的解释，海洋环境是"地球上连成一片的海和洋的水域总体，包括海水、溶解和悬浮其中的物质、海底沉积物以及生活于海洋中的生物"。

《海洋环境保护法知识》将其定义为："海洋环境是人类赖以生存和发展的自然环境的一个重要组成部分，包括海洋水体、海底和海水表层上方的大气空间，以及同海洋密切相关，并受到海洋影响的沿岸区域和河口区域"山。

国外海洋论著对海洋环境多缺乏系统的概括和定义，一般认为海洋环境是海底地形、地球物理、海底结构和海洋化学、生物、热结构，以及海洋状况和天气等的总体海洋现象，亦即"狭义环境""物理环境"。例如，美国于1966年6月17日第89届国会参议院第944次会议通过的海洋《公约》中的定义（第8条）："专门名词'海洋环境'认为应包括大洋、美国大陆架、五大湖、邻近美国海岸深度至200米或超过此深度但其上覆水域容许开发海洋自然资源的深水区域的海床和底土，邻接包括美国领海内的岛屿的同样的海底区域的海床和底土，有关这些方面的资源。"

对比国内外海洋环境的定义，在概括的方法、内容上是大同小异的，都罗列了海洋自然地理环境要素，其差别只是所列举的要素多少而已。作为概念的原则，它们都未能对海洋环境的本质进行归纳、体现。因为从根本上讲，概念的核心不是叙述事物的现象，而应该从现象揭示其本质特征，并力求简洁、准确地抽象。以此衡量，上述海洋环境的概念，都是不尽如人意的。

那么，应该如何定义海洋环境呢？似应做如下归纳：海洋环境是指以人类生存与发展为中心，相对其存在并产生直接或间接影响的海洋自然和非自然的全部要素的整体。既包括海洋空间内的水体及其物理、化学、生物要素，海底的地质、地貌及矿产要素，海面及上空的海洋现象等自然固有要素与过程，也包括非海洋自然要素所固有，而由人类活动引起的人为因素，如海洋污染、海洋赤潮灾害等。这样定义海洋环境突出了两个问题：一是海洋环境是以人类社会为中心的海洋自然与非自然要素的总体，此点是问题的本质之处；二是海洋环境不仅是自然的要素，也是非自然的要素，特别是近代以来，沿岸和近海区域受人类活动的影响越来越大，由此发生了一系列环境后果，不论是有益的还是有害的，又都成为客观的存在之物，它们反过来对人类的生存和发展产生或大或小的作用。因此，因人为影响而出现的海洋非自然要素应是海洋环境整体的组成部分，这一点是一些概念中易于疏漏的内容。

三、海洋环境污染

（一）国际社会关于海洋环境污染的定义

国际社会关于海洋环境污染定义的形成，最早可以追溯至海洋污染科学专家联合小组（The Joint Group of Experts on the Scientific Aspects of MarinePollution，简称 GESAMP）1969 年 3 月 7 日至 21 日在英国伦敦召开第一次会议时对海洋环境的界定。其内容稍事修正后为联合国经济与社会理事会下的政府间海洋学委员会（Inter-Government Ocean Graphy Commission，简称 IOC）所批准。其具体内容如下："海洋环境污染：指人类直接或间接把物质或能量引入海洋环境，其中包括河口湾，以致造成损害生物资源，危害人类健康，妨碍包括捕鱼在内的各项海洋活动。损害海洋使用质量以及减损环境优美等有害影响。"作为界定海洋环境内涵的开山鼻祖，这一定义对各种关于海洋环境保护的国际公约、协议等影响颇深。此后对于海洋环境污染的定义均是以此为蓝本的。1972 年 11 月 13 日在伦敦召开的第二三次政府间海上倾倒会议上通过的《防止倾倒废弃物及其他物质污染海洋的公约》（Convention on the

Prevention of Marine Pollution by Dumping of Wastes and Other Matter，简称《伦敦倾废公约》，London Dumping Convention）将海洋环境污染定义为："人类活动将废物或者其他物质直接或者间接地引入海洋中，造成或者可能造成诸如损害生物资源和海洋生态系统、危害人体健康、妨碍包括捕鱼和对海洋的其他合法利用在内的海上活动，影响海水使用质量和降低环境舒适性之类的有害影响。" 1982 年 4 月 30 日在纽约召开的第三次联合国海洋法会议第 11 期会议通过的《联合国海洋法公约》（United Nations Convention on the Law of the Sea. 简称《海洋法公约》，COS）则明确将海洋环境污染的定义纳入其第 1 条第 1 项第 4 款中规定："海洋环境污染是指人类直接或间接把物质或能量引入海洋环境，其中包括河口湾，以致造成或可能造成损害生物资源和海洋生物、危害人类健康、妨害包括捕鱼和海洋的其他正当用途在内的各种海洋活动、损害海水的使用品质和减损环境优美等有害影响。"

（二）中国法律关于海洋环境污染的定义

我国法律中首次明确规定海洋环境污染定义的是 1982 年 8 月 23 日第五届全国人民代表大会常务委员会第二十四次会议通过并颁布的《中华人民共和国海洋环境保护法》（以下简称《海洋环境保护法》）。该法第 45 条规定："'海洋环境污染损害'是指直接或间接地把物质或能量引入海洋环境，产生损害海洋生物资源、危害人体健康、妨碍渔业和海上其他合法活动、损坏海水使用素质和减损环境质量等有害影响。"由该定义可知，我国对于海洋环境污染的认识侧重于实害结果，而不涉及可能造成损害结果的情形。迄今为止，该法经历了两次修订：一是 1999 年 12 月 25 日由第九届全国人民代表大会常务委员会第十三次会议修订通过。自 2000 年 4 月 1 日起施行；二是 2013 年 12 月 28 日由第十二届全国人民代表大会常务委员会第六次会议修订通过并公布，自公布之日起施行。虽然两次修订后的法律条文由 48 条增加到 98 条，但是关于海洋环境污染的定义均未见丝毫变动，依然保持原有条文的表述，只是在标点符号上做了调整。

中国法律关于海洋环境污染的定义显然吸收了《联合国海洋法公约》和《伦敦倾废公约》的合理要素，较为可取。不过。这一定义也存在两点缺陷：其一，是将损害限定为"现实损害"，而不包括"可能损害"这一潜在的危险。这与相关国际公约的要求仍有一定差距。为了更好地保护海洋环境，有必要考虑潜在的危险，将可能造成损害的情形也纳入海洋环境污染的定义之中。其二，这一定义未对"海洋环境"进行必要的阐释，导致其外延不太明确。关于海洋环境。主要有以下 3 种不同的定义：其一，广义说。根据《中国大百科辞典》的解释，海洋环境，是指"地球上连成一片的海和洋的水域总体，包括海水、溶解和悬浮其中的物质、海底沉积物以及生活于海洋巾的生物"。其二，中义说。所谓海洋环境，是指"人类赖以生存和发展的自然环境的一个重要组成部分，包括海洋水体、海底和海水表层上方的大气空问，以及同海洋密切相关，并受到海洋影响的沿岸区域和河口区域"。其三，狭义说。美国1966年第89届国会参议院第944次会议通过的海洋《公约》将海洋环境界定为，"包括大洋、美国大陆架、五大湖、邻近美国海岸深度至200米或超过此深度但其上覆盖水域容许开发海洋自然资源的深水区域的海床和底土，邻接包括美国领海内的岛屿的同样的海底区域的海床和底土有关这些方面的资源"。本书认为，海洋环境作为一个地域因素，原则以本国的领海、毗连区、专属经济区为核心，并扩及至公海，但不包括本国的内水；就内容而言，应当限于自然要素，排除非自然要素，即包括海洋空间内的水体及其物理、化学、生物要素。海底的地质、地貌及矿产要素，海面及其上空的海洋现象等自然固有要素。简言之，海洋环境主要由近岸海域、近海海域和远海海域组成。

第二节　海水污染

一、海水水质

1. 我国海水水质分类

海水水质是海水水体质量的简称，是指海水在环境作用下所表现出来的综合特征，即水体的物理（如色度、悬浮物质等）、化学（无机物和有机物的含量）和生物（大肠菌群等）的特性及其组成的状况。由于海水体积大，又能很好地混合，故局部条件对海洋整体影响较小，但不同海区、不同深度的水质有所差异。为评价海水水体的质量状况，各国相关环境部门规定了海水水质参数和水质标准。

我国于1998年7月1日实施的《海水水质标准》（GB3097-1997）按照海域的不同使用功能和保护目标，将海水水质分为四类，相应的项目标准限值也分为四类，不同功能类别分别执行相应类别的标准值。

该标准规定了物理、化学和生物三类指标共35个项目，国家海洋局根据这些项目的监测数据评估海水水质。

2. 我国海水水质标准

为贯彻《中华人民共和国环境保护法》和《中华人民共和国海洋环境保护法》，防止和控制海水污染，保护海洋生物资源和其他海洋资源，有利于海洋资源的可持续利用，维护海洋生态平衡，保障人体健康，国家环境保护总局（现称环境保护部）于 1997 年 12 月 3 日批准《海水水质标准》（GB3097-1997），并于 1998 年 7 月 1 日开始实施。

该标准适用于中华人民共和国管辖的海域。该标准按照海域的不同使用功能和保护目标，将海水水质分为四类：第一类适用于海洋渔业水域，海上自然保护区和珍稀濒危海洋生物保护区；第二类适用于水产养殖区，海水浴场，人体直接接触海水的海上运动或娱乐区，以及与人类食用直接相关的工业用水区；第三类适用于一般工业用水区，滨海风景旅游区；第四类适用于海洋港口水域，海洋开发作业区。每一类海域执行相应的水质标准。

在《海水水质标准》（GB3097-1997）中，共有 35 项水质指标。其中，表观指标有漂浮物质、色、臭、味；物理指标有悬浮物质、水温；生物指标有大肠菌群、粪大肠菌群、病原体；化学指标有 pH、溶解氧、化学需氧量、生化需氧量、无机氮、非离子氨、活性磷酸盐、重金属（汞、镉、铅、六价铬、总铬、砷、铜、锌、硒、镍）、氰化物、硫化物、挥发性酚、石油类、六六六、滴滴涕、马拉硫磷、甲基对硫磷、苯并（口）芘、阴离子表面活性剂；放射性指标有放射性核素。除了对漂浮物质、色、臭、味做了定性规定外，其余指标均有明确的数值限定。

3. 我国目前海水的水质情况

2013 年夏季，海水中无机氮、活性磷酸盐、石油类和化学需氧量等要素的监测结果显示，我国管辖海域海水水质状况总体较好，但近岸海域海水污染依然严重。

2013 年，我国符合第一类海水水质标准的海域面积约占管辖海域面积的 95%，符合第二类、第三类和第四类海水水质标准的海域面积分别为 47160、36490 和 15630km²，劣于第四类海水水质标准的海域面积为 44340km²，较 2012 年减少了 23540km²。渤海、黄海和东海劣于第四类海水水质标准的海域面积分别减少了 4590、13030 和 9150km²，但南海劣于第四类海水水质标准的海域面积却增加了 3230km²。劣于第四类海水水质标准的区域主要分布在黄海北部、辽东湾、渤海湾、莱州湾、江苏盐城、长江口、杭州湾、珠江口的部分近岸海域。与 2012 年相比，烟台近岸、汕头近岸、珠江口以西沿岸、湛江港、钦州湾的部分海域污染有所加重。近岸海域主要污染要素为无机氮、活性磷酸盐和石油类。

二、海水富营养化

富营养化是水体衰老的一种现象，它既可以发生在湖泊、水库，也可以发生在河口和近海水域。水体的富营养化发生在湖泊中称为水华，发生在海域中称为赤潮。天然富营养化本来是一种十分缓慢的过程，但随着有机物质和营养盐的过量进入，大大加快了水体富营养化的进程。目前，富营养化已成为困扰许多国家的水环境污染问题之一。富营养化不仅会使水体丧失应有的功能，而且会使生态环境向不利的方面演变。

富营养化的机理是：①水体中含有的过量氮、磷等植物营养元素逐渐被氧化分解，成为水中微生物和藻类所需的营养物质，使得藻类迅速生长；②越来越多的藻类繁殖、死亡、腐败，引起水中氧气大量减少，使水质恶化，导致鱼、虾等水生生物死亡。海水富营养化的来源主要有生活污水（如食物残渣、排泄物、洗涤剂）、农田化肥、农村家畜饲养、工业污水（如食品工业、酿造工业、造纸工业、化肥工业等）以及海水养殖。

海洋出现富营养化的主要原因是随着人口数量迅速增加，城市规模不断扩大，生活污水越来越多且处理水平低；过度的海水养殖和农业面源污染增加。

富营养化会造成海水透明度降低，使阳光难以穿透水层，从而影响水生植物的光合作用和氧气的释放；表层水面植物的光合作用又可能造成溶解氧的过饱和状态，这些都会造成鱼类大量死亡。不仅如此，有些藻类还能分泌有毒物质，这些有害物质通过海产品危及人体健康。我国富营养化比较严重的海域主要分布在辽东湾、渤海湾、长江口、杭州湾、江苏近岸、珠江口。

三、海水养殖污染

海水养殖业的兴起以及养殖产量的大幅提高，为国民经济的发展和人们生活水平的提高做出了巨大的贡献。与此同时，养殖活动所产生的大量污染物，再加上周边地区的工农业废水、生活污水的输入以及溢油、排污管泄漏等突发事件的发生，对养殖水域的生态环境产生了极大影响，使环境负荷量不断加重，导致水质富营养化加剧，赤潮频发，严重威胁着海水养殖业的持续发展，降低了水产品的安全食用系数。

海水养殖影响水体浊度、pH 值、溶解氧及营养盐，使底泥环境污染恶化。其原因主要有：养殖生物产生的大量排泄物和残饵的长期累积超过环境的承受力；放养密度不合理；育苗废水直接外排，使局部水域海水中氮、磷元素含量增加，透明度下降，加重了水体富营养化。

（1）对水体浊度和 pH 值的影响。长期进行大规模网箱投饵养殖，由于受各种沉淀物、油基碎屑等的影响，会使水体的 pH 值略有下降，也会使水体的透明度有所下降。

（2）对水体溶解氧的影响。水体中溶解氧的含量变化反映了海域水环境的质量状况，是评价水质的重要指标之一。由于大量有机物的氧化分解，水深 4~5 m 以下的溶解氧被消耗殆尽，在厌氧细菌的作用下进行厌氧分解，并发生脱氧过程，同时产生硫化氢等有害气体，使水生生态环境恶化。

（3）对水体营养盐的影响。海水鱼、虾高密度养殖需要投喂大量的饵料，其中一部分残饵及粪便等排泄物分解后的产物（N，P），成为水体富营养化的污染源。这些废物增加了水体富营养物的总浓度，导致水体形成一定程度的富营养化。

四、热废水对海水的污染

一般认为，长期将超过周围海水正常水温 4℃ 以上（有人认为是 7~8℃）的热水排到海洋里就会产生热污染。

热废水来源于工业冷却水，其中尤以电力工业为主，其次还有冶金、化工、石油、造纸和机械工业。一般以煤或石油为燃料的热电厂，只有 1/3 的热量变为电能，其余则排入大气或被冷却水带走。原子能发电站中几乎全部的废水进入冷却水，约占总热能的 3/4。每生产 1kW/h 电大约排出 1200kcal（1kcal=4185.9J）的热量。1980 年仅美国发电排出的废热每天就有 $2.5×10^8$ kcal，足以把 $3200×10^4 m^3$ 的水升温 5.5℃。原子能发电站的月发电能力一般为（200~1400）$×10^4 kW$，以月发电能力为 $200×10^4 kW$ 的核电站计算，每天排出的废热可使 $1100×10^4 m^3$ 的水温度升高 5.5℃。而一座月发电能力为 $30×10^4 kW$ 的常规电站 1h 要排出 $61×10^4 m^3$ 的水量，其水温要比抽取时平均高出 9℃。

热废水对海洋的影响主要是使海水的温度升高。从生物学的角度来看，水温是对海洋生态系统平衡和各类海洋生物活动起决定性作用的因素。它对生物受精卵的成熟、胚胎的发育、生物体的新陈代谢、洄游等都有显著的影响。在自然条件下，海洋水温的变化幅度要比陆地环境和淡水小得多，因此海洋生物对温度变化的忍受程度更差。海洋受到热污染后，原来的生态系统会被破坏，海洋生物的生理机能也会遭到损害。

海水温度异常升高的另一种危害，就是减少了溶解在水中的氧气。由于海水中氧气的多少取决于海水的温度，温度升高，溶解氧减少。热废水的注入无疑提高了海水的温度，也势必减少了溶解在水中的氧气量。当水温升高到一定程度时，海洋生物就会缺氧，窒息而死。而生物死亡后尸体的分解又会进一步促使水中的氧气消耗。这样循环往复，久而久之，最终导致局部水质恶化。

总的来说，热带海域比温带和寒带海域受热污染的危害大得多，封闭和半封闭的浅水海湾比开阔海区受热污染的影响更明显。因此在热带或浅水海湾沿岸建设发电厂应更加慎重。

五、海水的重金属污染

重金属是污染海洋环境的主要污染物之一，对海洋的污染比较明显的重金属有汞、镉、铅、铜、锌。

重金属污染物的危害主要体现在：重金属污染水体底泥，使其成为危险的二次污染源；重金属污染水体后，毒害海洋生物，经食物链在较高级的生物体内高富集，即人们在食用海产品后，重金属会在人体内富集，损害人体健康（如日本的"水俣病"是由含汞废水引起的，骨痛病是由镉污染引起的）。

汞的主要来源为含汞工业废水的排海、农药的流失、矿物燃料（煤、石油等）。汞污染的特征危害是"水俣病"，其命名来源于1956年发生在日本的"水俣病"事件。1956年，在日本水俣湾，新日本氮肥公司将含有汞化合物的废水排入大海，镇上的居民食用了被污染的海产品后，成年人肢体发生病变、大脑受损，妇女生下畸形婴儿。发病者中渔民明显高于农民，发病时会突然出现头疼、耳鸣、昏迷、抽搐、神志不清、手舞足蹈及行动障碍、呆滞流涎、耳聋失明、精神失常。严重者数日内死亡，轻者症状终生不退，可随时发作，只能以药物缓解痛苦。根据日本政府的一项统计，当年有2955人患上了"水俣病"，其中有1784人死亡。

镉的主要来源为含镉工业废水的排海、镉矿渣倾倒入海。镉污染的特征危害是骨痛病，主要表现为骨骼疼痛、骨质疏松以及内脏损伤。

铅的主要来源为冶金和化学工业产生的废水和废气、汽油燃烧（四乙基铅是汽油防爆剂）由大气最终进入海洋、铅制剂杀虫剂和灭菌剂以及含铅矿渣的倾倒。铅易在人体内累积（沉淀于骨骼、肝、脑、肾等），当血铅质量浓度超过80mg/L时，就会引起中毒。另外，铅还是致癌物质。

铜的主要来源为冶金和工业废水、煤燃烧产生含铜废气入海、岩石自然风化入海。当铜的质量浓度大于0.13mg/L时，就会出现"绿牡蛎"现象。若铜锌协同作用时，对海洋生物的毒性将大大加强。

第三节　海洋垃圾

一、海面漂浮垃圾

2009 年，国家海洋局监测区域内海面漂浮垃圾主要为塑料袋、塑料瓶和木片等。监测结果表明，漂浮的大块和特大块垃圾平均个数为 0.002 个/（100m²）；表层水体漂浮的小块及中块垃圾平均个数为 0.37 个/（100m²）。海面漂浮垃圾的分类统计结果显示，塑料类垃圾数量最多，占 41%，其次为聚苯乙烯泡沫塑料类和木制品类垃圾，分别占 31% 和 14%。表层水体小块及中块垃圾的总密度为 0.8g/（100m²），其中塑料类和聚苯乙烯泡沫塑料类垃圾密度最高，分别为 0.5g/（100m²）和 0.1g/（100m²）。

2010 年，国家海洋局监测区域内海面漂浮垃圾主要为塑料袋、塑料瓶和聚苯乙烯泡沫塑料碎片等。监测结果表明，漂浮的大块和特大块垃圾平均个数为 22 个/km²；表层水体漂浮的小块和中块垃圾平均个数为 1662 个/km²，密度为 9 kg/km²。海面漂浮垃圾的分类统计结果显示，塑料类垃圾数量最多，占 54%，其次为聚苯乙烯泡沫塑料类和木制品类，分别占 23% 和 6%。

2011 年，国家海洋局监测区域内的海面漂浮垃圾主要为塑料碎片、聚苯乙烯泡沫塑料碎片、片状木头和塑料瓶等。监测结果表明，漂浮的大块和特大块垃圾平均个数为 17 个/km²；表层水体漂浮的小块和中块垃圾平均个数为 3697 个/km²，平均密度为 10kg/km²。海面漂浮垃圾的分类统计结果显示，塑料类垃圾数量最多，占 53%，其次为聚苯乙烯泡沫塑料类和木制品类，分别占 19% 和 14%。垃圾数量较多区域主要为旅游区、港口区和养殖区。

从这 3 年的监测结果可见，海面漂浮垃圾的种类逐年增加，而且数量也在增加。这些漂浮垃圾不仅丑化了海洋表观，而且对船舶航行造成极大的安全隐患。因此，打捞海面漂浮垃圾成为海业部门的一项艰巨任务。但打捞工作治标不治本，还浪费了人力资源。只有从源头上制止，才能杜绝海面漂浮垃圾的重现。

二、海滩垃圾

2009 年，国家海洋局的监测结果表明，主要的海滩垃圾为塑料袋、塑料瓶和泡沫快餐盒等。海滩垃圾平均个数为 1.2 个/（100m²），其中塑料类垃圾最多，占 41%；木制品类、聚苯乙烯泡沫塑料类和玻璃类垃圾分别占 2496、1096 和 996。海滩垃圾的总密度为 69.8g/（100m²），其中木制品类、织物类和玻璃类垃圾的密度最大，分别为 17.5g/（100m²）、14.2g/（100m²）和 11.5g/（100m²）。

2010 年，国家海洋局的监测结果表明，主要的海滩垃圾变为塑料袋、塑料片和聚苯乙烯泡沫塑料碎片等。海滩垃圾平均个数为 3 个/（100m²），总密度为 77 g/（100m²）。分类统计结果显示，塑料类垃圾数量最多，占 52%，其次为聚苯乙烯泡沫塑料类和木制品类，分别占 22% 和 8%。

2011 年，国家海洋局的监测结果表明，主要的海滩垃圾变为塑料包装袋、聚苯乙烯泡沫塑料碎片和烟蒂等。海滩垃圾平均个数为 62686 个/km²，平均密度为 1114kg/km²。分类统计结果显示，塑料类垃圾数量最多，占 50%，其次为木制品和玻璃类，均占 12%。旅游区和港口区附近的海滩垃圾数量密度最大。

从海面漂浮垃圾和海滩垃圾的监测结果来看，旅游区和港口区附近的垃圾问题尤为严重。这表明我国国民的素质还有待提高，海洋环境保护的意识有待加强。

三、海底垃圾

2009 年，国家海洋局在葫芦岛万家海域、连云港连岛东海区海域、宁波象山石浦皇城沙滩海域、潮州大埠湾附近海域、揭阳神泉港附近海域、北海侨港附近海域、钦州三娘湾月亮湾景区和三亚亚龙湾附近海域的海底垃圾监测与评价结果表明，海底垃圾主要为玻璃瓶、塑料袋和废弃渔网等，平均个数为 0.02 个/（100m²），平均密度为 48.9g/（100m²）。其中塑料类、橡胶类和织物类垃圾的数量最大，分别占 61%、9% 和 9%。

2010 年，国家海洋局的监测结果显示盘锦二界沟海域、葫芦岛万家海域、锦州港倾倒区、东营 30 万亩现代渔业示范区毗邻海域、连云港连岛东海区海域、盐城海水养殖示范区、杭州湾北岸奉贤海域、宁波岳头沙滩附近海域、潮州大埠湾第一哨所附近海域、揭阳神泉港附近海域和三亚小东海海域的海底垃圾平均个数为 759 个/km²，平均密度为 90kg/km²。其中塑料类垃圾数量最多，占 83%。

2011 年，国家海洋局监测区域内的海底垃圾主要为塑料袋、木块和玻璃瓶等，平均个数为 2543 个/km²，平均密度为 336kg/km²。其中塑料类垃圾数量最多，占 5796。

这3年的监测结果表明塑料类垃圾在海底沉积最为严重，而塑料制品很难被降解，势必长时间堆积在海底，对海底生物环境造成破坏。

第四节　海洋石油开发带来的污染

一、溢漏油

油轮事故、油井井喷、海上石油开采泄漏、炼油厂污水排放、油轮洗舱水等都可以造成海上溢油。随着海洋运输业和油气产业的发展，海上溢油事故频发，最近30年里全球溢油量超过4500m²的事故就有62起。石油泄漏既浪费了资源，又破坏了生态环境，造成的损失不可估量。

1. 海洋石油污染对海洋环境的影响

石油溢入海水，将会形成大片油膜，使海水中大量的溶解氧被石油吸收，同时隔离海水与大气，造成海水缺氧，导致海洋生物死亡，对海洋生物的危害非常严重。漂浮海面的油膜能吸收80%的阳光辐射，致使海水表层水温比日常高3℃左右。此外，油膜还可以阻碍海水与大气的热交换，减少海面水分蒸发，导致气候异常。由于油膜妨碍光线透过，导致海洋深处光量下降，会影响海洋生物及藻类的光合作用。水面的大量油膜甚至可能引起火灾，不仅污染海洋，危害海洋生物，影响水上交通，而且能产生有毒气体，造成更大范围的大气污染。石油中含有的硫黄会产生具有恶臭的硫化氢，它与船舶侧面或底部涂料内所含的铜反应产生黑色硫化铜，会污染船舶，加速铁锈生成，而且硫化氢可以转化为二氧化硫，造成局部大气污染。

海洋石油污染还可能影响局部地区的水文气象条件和降低海洋的自净能力。据实测，石油油膜可以使大气与水面隔绝，减少进入海水的氧气的数量，从而降低海洋的自净能力。

3. 海洋石油污染对渔业的影响

石油污染破坏海洋环境，给渔业带来的损害是多方面的。首先，石油污染能引起该海区的鱼、虾回避，使渔场遭到破坏或引起鱼、虾死亡；其次，表现为产值损失，即由于商业水产品的品质下降及市场供求关系的改变，导致了市场价格波动；另外，如果石油污染发生在产卵期或污染区正处于产卵中心，因鱼类早期生命发育阶段的胚胎和仔鱼是整个生命周期中对各种污染物最为敏感的阶段，石油污染会使产卵成活率降低、孵化仔鱼的畸形率和死亡率升高，所以能影响种群资源延续，造成资源补充量明显下降。

近几十年来，我国渔业遭受了石油污染的严重威胁。1985年和1986年在胶州湾海域的大庆242号、245号油轮漏油和大庆245号油轮爆炸，造成近海养殖损失3000万元。1989年8月黄岛油库爆炸，致使630t以上原油溢流入海，造成胶州湾大片海域严重污染，10万亩养殖渔业受到严重损害，直接经济损失达4000万元；最近几年发生的大连海域输油管漏油事件，也对当地的渔业造成了很大的影响。

4. 海洋石油污染影响人体健康

石油的化学组成极其复杂，目前已分析出200多种成分，限于技术上的难度，某些成分还很难分离，其中许多有害物质进入海洋后不易被分解，不仅危害水生生物，而且经生物富集，通过食物链进入人体，危害人的肝、肠、肾、胃等，使人体组织细胞突变致癌，对人体及生态系统产生长期的影响。

石油一般可以通过呼吸、皮肤接触、食用含污染物的食物等途径进入人体，能影响人体多种器官的正常功能，引发多种疾病。经常受到石油类污染物污染的孩子患急性白血病的风险要高出平均水平4倍，患急性非淋巴细胞白血病的概率是普通孩子的7倍。在石油类污染物污染的附近区域，儿童皮肤碱抗力明显减弱、白细胞数下降、贫血率上升、肺功能受到影响。石油的浓度是考察其毒性的关键因子，对于不同组分的石油，其毒性效果也不一样，随着石油浓度的升高和暴露时间的延长，其毒性增强。

美国墨西哥湾原油泄漏事件发生2个月后，海岸线的居民已经感觉到非常不适，并有头晕、呕吐、恶心、心疼、胸闷等一系列症状，不管是危机的直接参与者还是当地居民都是如此。同样，对于当地居民来说，首先，情感方面会遭遇很大的压力，这种灾难会带来情感和心理上的创伤；其次，石油对于参与救灾的渔民和附近居民都有直接的危害，由于在清理油污的人员中，非专业人员占了大多数，其清理很不规范，存在石油成分危及健康的可能。

5. 海洋石油污染会造成巨大的能源浪费和经济损失

石油污染导致的能源浪费不言而喻，而经济损失则主要表现在高昂的治污费用和对旅游业、渔业等产业及环境资源可持续利用的消极影响上。例如1989年3月，美国阿拉斯加州威廉王子湾"瓦尔德兹"号油轮发生触礁事故，泄漏原油38000m³，覆盖超过32600km的海岸和海域，清油除污费用高达22亿美元，专家评估海洋生态环境恢复大约需要20~70年。同样，西班牙为清理"威望"号油轮漏油污染耗资10亿美元，溢油污染超过1000km²的海域，使得当地的旅游业和渔业受到灾难性的影响，生态环境的恢复将需要长达几十年的时间。在国内，"塔斯曼海"号油轮漏油事故给渤海及周边地区造成的环境损失达 1 亿多元。另外，根据农业部和国家环境保护部联合发布的 2002 年度《中国渔业生态环境状况公报》，2002 年，我国渔业生态因受到石油类等污染物的影响，造成的渔业经济损失达 36.2 亿元。

美国历史上最严重的环境灾难——2010 年的墨西哥湾原油泄漏危机，在 40 多天时间里有近 $5000×10^4$ gal（1gal = 3.785L）的原油流入了墨西哥湾。这种漏油事故，几乎使该海域的各类生物遭遇"灭顶之灾"，还可能使脆弱复苏的美国经济再次陷入衰退。原油污染不仅使得海洋生物大批死亡，而且可能影响到老百姓对海产品的消费热情；在佛罗里达等传统的旅游胜地，游客大量流失，甚至让当地的一些酒店和旅馆都难以维持生计。此次事件导致美国渔业、航运业和旅游业的经济损失可能高达数百亿美元，无数人失业。

6. 我国最近发生的溢油事故

2010 年 7 月 16 日 18 时，大连新港石油储备库输油管道发生爆炸，大量原油泄漏入海，导致大连湾、大窑湾和小窑湾等局部海域受到严重污染，对泊石湾、金石滩和棒棰岛等 10 余个海水浴场和滨海旅游景区，三山岛海珍品资源增殖自然保护区，老偏岛—玉皇顶海洋生态自然保护区和金石滩海滨地貌自然保护区等敏感海洋功能区产生影响。

2011 年，对新港"7·16"原油污染事件的跟踪监测发现，事发海域环境状况呈现一定程度改善，约 215km 受原油污染的岸滩基本恢复，近岸海域海水污染区域减少，沉积物质量有所恢复。但溢油事件对周边海洋生态环境的影响尚未完全消除。2011 年 4 月监测的结果表明，离事故现场较近的大连湾、大窑湾和小窑湾海域海水中石油类含量明显高于附近其他海域；大连湾西北部湾底沉积物中石油类含量明显高于其他区域。原油污染危害严重的潮间带生物恢复缓慢，大连湾潮间带白脊藤壶几乎全为空壳，大窑湾潮间带牡蛎空壳率达 64%，金石滩潮间带短滨螺空壳率达 68%。

2011 年 6 月 4 日和 6 月 17 日，蓬莱 19-3 油田相继发生两起溢油事故，导致大量原油和油基钻井液（钻井液 1 日称泥浆，有些行业标准仍沿用 1 日称）入海，对渤海生态环境造成严重的污染损害。蓬莱 19-3 油田溢油事故属于海底溢油，溢油持续时间长，大量石油类污染物进入水体和沉积物，造成蓬莱 19-3 油田周边及其西北部海域的海水环境和沉积物受到污染。河北省秦皇岛、唐山和辽宁省绥中的部分岸滩发现来自蓬莱 19-3 油田的油污。受溢油事故影响，受污染海域的浮游生物种类和多样性降低，海洋生物幼虫幼体及鱼卵、仔鱼受到损害，底栖生物体内石油烃含量明显升高，海洋生物栖息环境遭到破坏。

二、钻井液与钻屑排海

海上钻井过程必然产生大量的废弃钻井液及钻屑，其成分复杂，含有钻井液中的各种组分，如黏土、有机聚合物、油类、无机盐、钻井液添加剂等。

废弃钻井液对环境的污染主要体现在：

（1）废弃钻井液中存在的悬浮物质量浓度常在 200mg/L 以上，这些悬浮物呈胶体状，加上钻井液的护胶作用，使其成为特殊的稳定剂，在水体中长时间不能下沉，导致水体生态系统的自净能力下降且影响水的使用。

（2）废弃钻井液的 COD 超标几十到几百倍，排入水体可加剧水的富营养化，导致赤潮的发生，进而导致鱼类的死亡。

（3）废弃钻井液含有的油类物质排放至海洋环境中，会在海面形成油膜，隔离海洋生物吸收太阳光线，抑制海洋植物的光合作用，使海洋植物大面积死亡，从而破坏整个生态平衡。

（4）各种钻井液添加剂、钻屑和地层矿物的加入，使得废弃钻井液中含有数量不等的污染物，如盐及一些重金属元素（如 Pb，Cu，Cd，Hg，Ni，Ba 和 Cr 等），对生物有一定的毒害作用。尤其是近年来随着钻井工艺的改进及新的低固相、无固相钻井液的应用，使 COD 增加，从而给废弃钻井液的处理带来了很大的难度。

三、海洋平台污水排海

海洋平台产生的污水是指：①从油、气、水三相分离器分离出来的污水，大部分属于原油中的游离水；②通过电化学方法从脱水器分离出来的含油污水；③通过工艺设备排放系统中排放的含油污水；④清洗设备、甲板等产生的含油污水以及降到甲板上的雨水。

因此，平台上产生的污水大都含油。不管含油率高低如何，由于油难溶于水，排海后势必会在海面形成油污和油膜。尽管平台污水排海产生的油膜没有溢漏油事故产生的油膜显著，但只要有油膜产生，就会对海洋环境和生态系统造成一定程度的破坏。

另外，平台污水还包括平台作业人员的生活污水。生活污水中含有大量有机物，如纤维素、淀粉、糖类、脂肪和蛋白质等，也常含有病原菌、病毒和寄生虫卵，以及无机盐类的氯化物、硫酸盐、磷酸盐、碳酸氢盐和钠、钾、钙、镁等。生活污水的特点是氮、硫和磷含量高，在厌氧细菌作用下，易产生恶臭物质。

单一平台产生的生活污水有限，若在海面宽敞的海域，可以较快地实现转移和净化。若某一海域有相对密集的海洋平台群，每个平台都不经处理排放生活污水的话，也会对该海域的水体造成污染，使得海水形成富营养化，引发赤潮等。

四、地震勘探

长期以来，海洋石油勘探大多采用炸药爆破作为震源激发地震波，爆炸瞬间产生的高温、高压气体以及强大的声压波，会使大量海洋生物受到影响甚至死亡。中国科学院北海研究站与中国科学院黄海水产研究所合作曾于 1982 年 9 月和 1983 年 5–6 月，先后在黄海胶州湾和渤海莱州湾进行了炸药震源对水产资源影响的实验研究，实验得出一些海洋生物的致死声强级，如声强级为 120~124 dB 的，在 32m 的距离上可使虾致死，声强级大于 120dB 时则可使梭鱼致死。可见，炸药震源在爆炸时所产生的声压波对海洋生物有一定的影响。有实验研究结果表明，水下爆破特别对浮游生物的影响相当严重。1996 年 6 月，挪威 Satz 研究所在挪威外海用 50g 炸药连续爆炸 10 次，观察发现浮游生物约有 50%受到影响，特别是桡足类伤亡较大。这与我国崔毅、林庆礼等在莱州湾现场进行的关于水下爆破对浮游生物的实验研究结果相一致。

水下爆破还会引起海洋水体浑浊度、悬浮物含量的增高，可影响海洋生物的生长。如果海洋生物长期生活在高浑浊水中，其鳃部会被悬浮物充满而影响呼吸和发育，甚至引起窒息死亡。此外，水中悬浮物长期过量，会妨碍海洋生物的卵和幼体的正常发育，破坏其栖息环境，并会抑制海洋植物的光合作用，减少海洋动物的饵料。可见水下爆破不仅对海洋生物有严重的杀伤力，而且会造成一定程度的环境污染。

海洋中的放射性核素可以分为两大类，即天然放射性核素和人工放射性核素。人工放射性核素主要来源于核试验、原子能工业（如核电站）以及核动力舰艇。

第二章 海洋环境保护的理论与保护现状

海洋环境保护是指采取行政的、法律的、经济的以及科学的多方面措施，保护海洋水域免受污染和破坏，维持海洋生态平衡，促进海洋经济与海洋环境的协调发展。本章主要从理论层面介绍了环境保护的相关知识以及现阶段中国的海洋环境保护现状。

第一节 海洋环境保护的思想理论追溯

一、环境正义论

"环境正义"这一概念最早是由美国提出来的，其产生的原因在于，因环境资源的利用与分配不公，导致不同地区间环境受益不公。通俗地说，就是一些地区在环境资源上付出了巨大代价，生活在这个地区的穷人和底层人承受着环境污染带来的严重后果，而巨大收益则由少数上层或发达地区的人们所享受。如美国，获得利益的多是白人，而黑人则承受环境污染带来的后果。黑人大都生活在生态环境最肮脏的南部，在空气环境污染较严重的洛杉矶，居住的黑人多达，而白人仅占。美国黑人社会学家罗伯特布拉德（通过调研得出一个结论，在美国南部，那些垃圾填埋场和有毒废弃物处理场等环境污染严重的工业大都靠近穷人居住区或黑人聚集区。这是局部地区的环境资源的利用与分配不公问题，具体到全球范围，世界中期以来，饱受污染损害的发达国家逐渐意识到环境问题的严重性，逐步将污染严重的产业向发展中国家转移，导致发展中国家陆续发生环境污染和生态破坏，环境正义问题逐渐被公认为是全球性公平问题之一。因为各个国家、地区之间在经济发展、历史文化、知识水平等方面存在差异，导致环境正义问题十分复杂。蒋国保认为，"环境正义"并没有一个普遍认可的统一概念，一般可以指全体人类共同合作，促进人类与自然的和谐共生，在确保全球生态环境安全的前提下，实现人类的延续与发展、自由和平等、和平与幸福。

具体到海洋环境保护事业，环境正义的要求具体体现到以下几个方面。一是海洋的生态价值应高于海洋的能源、食物、经济等各种价值。海洋生态系统对人类赖以生存的地球生态环境具有十分重要的意义，破坏了海洋环境，就会影响全球气候和环境，对人类生存构成威胁。我们必须把保护海洋环境放到首要地位，当开发利用海洋和保护海洋之间发生冲突时，优先保护海洋。二是应确保全人类和子孙后代享有的海洋权益。海洋不属于沿海居民私有，海洋是地球人的海洋；海洋也不属于当代人私有，海洋也是后代人的海洋。简单地说，海洋环境遭到破坏，不仅会损害沿海居民和当代人的环境正义，同样也会损害全人类和后代人的环境正义。这方面的研究理论包括代内正义、代际正义和种际正义。代内正义，是指同一世代的人与人之间，在对海洋的开发、利用、保护方面，都负有保护和修复海洋环境的权利和义务，是代内公平的衍生；代际正义，不同时代的人类在开发、利用海洋中负有的共同但有差异的保护海洋的权利和义务，是代际公平的延伸；种际正义，是人与自然之间体现的环境正义，要求人类在向海洋索取资源是做到与保护相结合，在开发、利用海洋时，精心管理维护海洋生态平衡，促使人与自然和谐相处。

二、环境契约论

环境契约论内涵是人与人、人与自然、国与国之间在保护环境方面的一种责任契约。2016 年，时任联合国秘书长的加利所说："除了与人签订社会契约之外，目前有必要与我们赖以生存的自然即地球签订道德和政治的契约。"众所周知，目前人类遇到的环境问题十分棘手，大气污染、水污染、资源短缺等问题异常严重，已对人类的生存和发展构成严重威胁。在这种情况下，通过订立环境契约，规定国家、政府、企业、公民相互之间保护环境的职责关系，是解决环境问题的必然选择。具体来说，地球是全人类的地球，不仅是当代人的地球，还是一代一代后来人的地球，当代人和后代人在保护环境上具有契约关系，强调人类在开发、利用自然资源时，不能以损害后代人对资源的所有权为代价，要为后代人留足发展的空间；地球是全世界的地球，从全球的范围来看，每个国家都担负着保护地球环境的责任。国与国之间存在保护地球环境契约关系，不能因为要发展本国经济，就要去损害别国的环境。比如有些发达国家将落后产业或污染比较严重的产业转移向发展中国家，这样的做法是不符合环境契约关系的；具体的一个国家，本国公民和政府之间、不同管辖区域之间、不同企业之间、企业和公民之间也都存在着保护环境的契约关系。同样，外国企业与东道国的公民之间存在着契约关系。

海洋资源丰富，为人类生存和发展提供大量的食物供给和矿产能源供给。海洋资源是全人类共有的财富，"是人类赖以生存和发展的重要物质基础"。人类社会向海洋索取资源的同时，理应担当起保护海洋环境的义务。各国对其领海享有开发利用的权利，同样也有保护海洋环境的义务；国内的公民、沿海城市的用海企业也有保护海洋环境的义务。每个国家在制定保护海洋环境方面的法律法规，都会明确政府机关、用海企业在保护海洋环境方面的主体责任，这实际上就是"环境契约论"的一种应用。如中国制定的《中华人民共和国海洋环境保护法》，对海洋行政主管部门、用海企业等不同主体的法律责任做出规定。同样，对于公海的环境保护，《联合国海洋法公约》也明确了各个国家承担的保护公海环境的责任。这表明，各个国家在保护公海环境上具有契约关系。公海不属于任何一个国家，《公约》对公海的定义做了明确界定，公海属于"公共"海域，不在任何国家的主权控制下。对于公海的环境保护工作，《公约》第十二部分"海洋环境的保护和保全"有详细表述。如"各国要采取各种必要措施防止、减少和控制海洋环境污染。""各国保护管辖海域海洋环境时，不能以破坏别国管辖海域海洋环境为前提，不得把本国海洋污染物转移到其他国家管辖海域。"在海洋环境保护"技术援助"方面，因为发达国家往往掌握先进的海洋环境保护技术，所有按照国际默认惯例发达国家有义务帮助发展中国家开展海洋环境保护工作，并有义务帮助发展中国家提高海洋环境保护设备制造能力和技术水平等。

三、生态文明论

生态文明是生态危机的伴生物，是人们承受了环境恶化带来的痛苦灾难后，对以破坏生态环境换取经济发展的传统模式做出深刻反思之后选择的新的文明发展模式。生态文明思想始于西方，世纪下半叶，许多具有忧患意识的西方学者就已经深刻认识到工业文明发展带来的环境问题对人类生存发展的威胁。1864年，美国学者G.P.玛什著作了《人与自然》，从伦理意义上讨论了自然保护问题。1893年，英国学者托马斯赫克斯利编写了《进化和伦理学》，深刻阐述了人与自然的关系。20世纪50年代，随着工业和城市发展，生态环境受到严重破坏，生态环境危机日益显著，更多的人承受了环境破坏带来的恶果，他们意识到必须重新定位人与自然的关系，检讨人类毫无保护措施的掠夺自然资源的行为。从这一时期到世纪年代，西方学者对生态伦理学的研究逐渐成熟，代表性的著作有泰勒的《尊重自然》、罗尔斯顿的《环境伦理学：自然界的价值和对自然界的义务》、埃德加莫兰等人的《地球祖国》、福克斯的

《超越个人的生态学》、梅多斯等人的《增长的极限》等。这些著作的面世表明生态文明思想已深入人心，被越来越多的人接受，生态文明时代登上人类历史的舞台，保护环境、保护生态的行动成为一种责任。

生态文明遵循的是可持续发展原则，提倡的是人与自然和谐发展，坚持在发展的同时保护生态环境。其内涵主要包括以下三个方面。一是人与自然和谐的发展观。人不能把自己定位为大自然的征服者，而是要作为大自然的守护者。要汲取环境危机、环境灾害带来的警示，不能只知索取，不懂守护，做到人与自然和谐共处。二是可持续发展的价值观。自然资源是有限的，大自然的环境容量也是有限的。要节约资源，保护环境，在生活生产活动中以最小的环境损害和资源消耗代价实现最大的经济发展效益，并在开发利用过程中注重保护和修复生态环境。三是科学合理的绿色消费观。积极宣传科学合理的绿色消费观念，减少过度、盲目消费带来的奢侈浪费，降级不科学消费对环境的污染，并通过向公众宣传科学绿色消费带动绿色生产。

四、生态系统理论

生态系统理论是建立在系统整体性和全息相关性之上的一个关于生态及其环境组成的功能整体，最早提出者是英国学者坦斯列。海洋生态系统是组成整个地球生态系统的必不可少的要素之一，包括海洋水体系统、各种海洋生物和非生物组成的生态系统、海平面之上的大气环境系统。就海洋生态系统的内部关系而论，各子系统具有不同功能的同时又彼此依存，相互联系，任何一个子系统的缺失或不完善，都会影响其他子系统的功能，也会影响整个海洋生态系统的完整性。就海洋生态系统与大气、土壤、森林等其他外部生态系统的关系而论，可谓是牵一发而动全身，海洋生态系统一旦出现问题，势必会影响其他外部系统的正常运转，从而，也会对生活在地球上的人类产生影响。海洋环境与海洋生态系统是彼此包含又相互影响的一个整体，只有对海洋环境加以保护，才能实现海洋生态系统的正常运转，最终才能保证人类所居住的地球的生态系统以及人类社会的健康、和谐发展。

五、可持续发展理论

可持续发展指的是"既满足当代人的需要，又不对后代人满足其需要的能力构成危害的发展"，它倡导以一种合理的方式对资源进行开发，而非简单粗暴；以科学的态度对社会加以改造，而非自私逐利。具体到海洋环境保护方面，就是人类在对海洋资源进行开发、利用时，要适度合理，使可再生资源得以再生，使不可再生资源不会枯竭，保持海洋生态系统的平衡和海洋环境的健康，在海洋环境的可承载范围之内，促进经济效益和社会效益，以实现资源的永续利用，实现社会进步与环境保护相结合的全面、协调、可持续的发展。

六、绿色和平主义理论

绿色和平主义是发达国家出现的一种新兴政治思潮，它主要探讨环境保护与政治和平等问题，但又不仅局限于此，将环境保护与政治和平愿景的实现寄希望于资本主义现行政治的根本转变。根据绿色和平主义的理论，在处理海洋环境问题时，应通过"非暴力"的方式，加强全球非政府组织间的合作，进而从整体上对问题进行系统性解决，以实现海洋环境保护的目标，恢复海洋生态系统的健康。

第二节　海洋环境保护的概念与分类

一、海洋环境保护的概念

关于海洋环境保护的含义，现在还没有统一的认识，尚未有完整的概念。即便如此，但在一些著作中还是可以看到这方面的论述，如 J. M. 阿姆斯特朗和 P. C. 赖纳合著的《美国海洋保护》一书中，在给出"保护"一般含义的基础上，认为生态环境保护就是法律和行政的控制。他们把"保护"视为两种作用，一种"是全面的控制，或至少是试图全面控制"。允许进行什么样的活动，或者不允许进行什么活动；另一种"有点类似于施加影响，即最低限度地行使政府的权力"。由此，国家对"海洋水质、各种物质的入海处置、200 海里区域内的渔业活动、某些水域中船舶运输方式，外大陆架油气生产以及其他许多事务"，即被理解为海洋环境保护的含义。再如倪轩等编著的《海洋环境保护法知识》一书里关于什么是海洋环境保护的答案中，则为"在全面调查和研究海洋环境的基础上，根据海洋生态平衡的要求制定法律规章，自觉地利用科学的手段来调整海洋开发和环境保护之间的关系，以此来保护沿岸经济发展的有利条件，防止产生不利影响，达到合理地充分利用海洋的目的。同时还要不断地改善环境条件，提高环境质量，创造新的、更加舒适美好的海洋环境"。

不过，对海洋环境保护的解释，并不是直接给出海洋环境保护的概念，早些时候通常的看法认为海洋环境保护即是海洋环境管理，因此亦可作为一种认识。1992年联合国环境与发展会议通过并签署的《21世纪议程》对海洋环境保护特别强调了以下问题：建立并加强国家协调机制，制定环境政策和规划，制定并实施法律和标准制度，综合运用经济、技术手段以及有效的经常性的监督工作等来保证海洋环境的良好状况。以上材料，虽然并没有直接提供海洋环境保护的科学概念，但可以帮助我们建立海洋环境保护概念的认识基础。

那么，如何对海洋环境保护的概念进行抽象和归纳呢？根据现有认识，我们可以概括为：以海洋环境自然平衡和持续利用为目的，运用行政、法律、经济、科学技术和国际合作等手段，维持海洋环境的良好状况，防止、减轻和控制海洋环境破坏、损害或退化的保护行为。

海洋环境保护概念包括两个要点：一是海洋环境保护的目标，在于或主要在于维护海洋环境要素的平衡，防止和避免自然环境平衡关系的破坏，为人类海洋资源和环境空间的持续开发利用创造最大的可能；二是达到海洋环境保护的途径和手段是行政和法律、科学与技术、经济与教育等控制措施的产生和应用。近一二十年里，在地区间、国家间开展广泛的联合与合作，也是一种极为重要的方法且有不断发展、强化的趋势。事实表明，进展的效果还是比较突出的。

二、海洋环境保护的分类

海洋环境保护内容繁多，根据不同研究重点、原则依据、立足点而有不同划分。

按环境保护空间范围划分，可分为海岸带环境保护、浅海环境保护、河口环境保护、海湾环境保护、海岛环境保护、大洋环境保护等。

按海洋自然保护对象划分，可分为：海水环境保护、海洋沉积环境保护、海洋生态环境保护、海洋旅游环境保护、海水浴场环境保护、海水盐场环境保护等。

按海洋环境损害因素划分，可分为：防治陆源污染物对海洋环境的污染损害的环境保护、防治海岸工程建设影响海洋的环境保护、防治海洋工程建设项目对海洋环境的污染损害的环境保护、防治倾倒废弃物对海洋环境的污染损害的环境保护、防治海洋石油勘探开发的环境保护、防治船舶及有关作业活动对海洋环境的污染损害的环境保护。

按环境保护科学划分，可分为：海洋环境保护理论（概念、分类、原则），海洋环境保护法规（法律、规定、标准），海洋环境保护技术（环境容量评价技术、环境影响评价技术、环境保护技术、环境恢复技术等)。

第三节　海洋环境保护的基本原则与标准

一、海洋环境保护的基本原则

(一) 持续发展原则

所谓"持续发展",其含义在联合国有关文件中作了以下概括:"持续发展是既满足当代人的需要,又不对后代人满足其需要的能力构成危害的发展。它包括两个重要的概念:'需要'的概念,尤其是世界上贫困人民的基本需要,应将此放在特别优先的地位来考虑;'限制'的概念,技术状况和社会组织对环境满足眼前和将来需要的能力施加的限制。"持续发展的观点是人类环境思想的一大跃升,它使人们从狭隘的环境思维中解放出来,把环境同资源和社会经济发展放在一个大系统中加以讨论;把人类现阶段的发展同未来的持续发展联系起来考虑;把一个国家、一个地区同全球、同国际社会的发展持续性结合起来研究。这就是现代环境保护的新思维。

在全球环境上,立足于大环境的统一性、相互依存、彼此关联的客观规律,强调世界环境问题需要超越国家范围,共同行动、寻求解决。但是,就此领域内,否认或轻视地区和国家根据历史发展阶段、物质基础、人民生活状况、发展与保护的主流、发达国家与发展中国家的不同责任与义务,以及环境中发生的特殊问题等,显然是不对的,也是行不通的。如此持续发展的总体目标也将不可能实现。其中,尤其不应忘记的是今天的世界环境,特别是全球大环境系统的异常变化,是人类长期危害自然环境的结果,并不是短期所为能够产生的。发展中国家的工业化进程并不太久,它们刚刚踏上现代发展的道路,环境的"危机"就开始出现了,因此,发展中国家同样担起环境的责任是不合理的,严格地分析貌似平等的均衡承担,实质上是不平等的强加。发达国家理应对全球环境问题的解决做出较大的贡献,并对发展中国家的环境保护与治理提供必要的援助。这一认识也就是《关于环境与发展的里约热内卢宣言》中第 7 条原则所讲的,"各国应本着全球伙伴精神,为保存、保护和恢复地球生态系统的健康和完整进行合作。鉴于导致全球环境退化的各种因素不同,各国负有共同的但是又有差别的责任。发达国家承认,鉴于它们的社会给全球环境带来的压力，以及它们所掌握的技术和财力资源，它们在追求可持续发展国际努力中负有责任"。尽管原则的阐述意犹未尽，其基本意思还是体现的。

海洋环境的自然特点，使其与陆地环境相比具有更强的全球统一性，"所有海洋是一个基本的统一体，没有任何例外"。沿海国家直接或间接施加海洋的影响及其造成的危害，绝非局限在一个海区之内，往往有着大范围的区域性，甚至全球性。原因在于：一是海水介质不同尺度的流动，既有全球性大尺度环流系统，也有洋区和海区等较小尺度的流系，它们是物质的输送与交换者，使人类对局部海域的影响结果扩展到更大的范围。在输送有害物质上，即便是陆地入海河流的作用都是相当大的，据观测资料，南美的亚马孙河可以将其挟带的沉积物和污染物质，一直冲到离岸 2000 千米以外的洋区。海水介质的流动性使全球海洋有了共同的命运；二是海洋中的相当多的生物种群具有迁移和洄游的性质，其中有的范围小，有的范围大，那些高度洄游种群，如金枪鱼、长鳍金枪鱼、鲣鱼、黄鳍与黑鳍金枪鱼、乌鲂科、枪鱼类、旗鱼类、箭鱼、竹刀鱼科、蜞鳅、大洋鲨鱼类和鲸类等，它们的洄游区域多以洋区为范围。海洋生物这一特性，决定了人类对海洋生物资源的影响不可能不具广延性。正是由于海水的流动性和海洋生态系的整体性，海洋环境保护需要贯彻持续发展原则，突出环境问题的解决，应以持续发展的"需求"和环境与资源的持久支持力为目标，根据国家、地区和国际的政治、经济的客观情况，以海洋环境不同的区域范围确定对策和管理方式，达到海洋环境与资源保护的目的。如目前进行的全球海洋大海洋生态系保护与管理行动计划，即为比较典型的体现持续发展原则的环境项目。其中黄海大海洋生态系保护与管理行动计划，其行动的主旨是防止、减轻和控制海洋环境恶化，以保持和加强海洋生产力与维持生命的能力；开发和增加海洋生物资源的潜力以满足人类对营养的需求及社会、经济和发展的目标；促进沿岸和海洋环境的综合保护。

为此而采取以下措施：开展黄海大海洋生态系的综合监测与评价，获得用以指导、监控、减轻对生态系压力的各种信息；建立并加强致力于大海洋生态系保护、资源保护以及永续利用的国家与地区综合保护海洋生态环境的体制和国际协调机制；加强海洋学家、环境与资源保护人员和适当的地方、地区、国家决策者之间就海洋环境与资源保护的交流与合作；训练有较高素质的保护专家和海洋决策者及有关的实践人才，培养并应用评价、监测、减轻压力和保护活动的尖端技术与方法的能力；建立包含有关各种来源的污染情况，包括生物多样性在内的海洋环境与资源的现状、主要生态参数以及不同国家、国际特定的海洋环境保护的政策和实践信息，并设立数据库。从黄海大海洋生态系行动计划的宗旨、目标和手段中，完全可以了解是否贯彻持续发展原则的差别。海洋环境保护贯彻持续发展的思想，保护的目标、任务、手段就会具有整体性、系统性；保护的体制和运行机制就会具有稳定性、科学性。否则，因袭就污染而治理、就事论事进行保护，将治不胜治、管不胜管，绝不是一条成功的道路。

（二）预防为主、防治结合、综合治理原则

该原则意指，把海洋环境保护的重点放在防患于未然上。通过一切措施、办法，预防海洋的污染和其他损害事件的发生，防止环境质量的下降和生态与自然平衡的破坏，或者基于能力（包括经济的、技术的）的限制，不可避免的环境冲击，也要控制在维持海洋环境的基本正常的范围内，特别是维持人体健康容许的限度内。但是，我们今天面临的近、中海的自然环境，已没有多少属于原始自然的区域了，大都受到人类开发利用的影响，有的平衡已被打破，有的已酿成持续性的灾害，现在不可能从头做起，觉醒之后也只能以更大的投入进行治理。亡羊补牢，积极整治恢复犹未为晚，在预防环境进一步恶化的同时，有计划地采取综合性措施，使海洋环境在新的条件下形成新的生态平衡。

预防为主、防治结合的环境工作思想，是人类海洋环境利用的实践经验总结。在过去的时期里，生存、发展的主流，掩盖了海洋环境危害发生、发展的问题。这种掩盖，既包括认识上的原因，也包括能力上的原因。应该承认，在早期认识上的原因占主导，当时人们并没有意识到人的微弱力量，能够给海洋自然环境带来什么麻烦，认识不到海洋接纳一些废弃物还会有什么伤害等等。但新近时期则不同，虽然仍有盲目危害海洋环境与资源的事情发生，不过，有意识的危害和能力不及或不得已而为之的危害大大增加，例如沿海向海排放废水、废液；城市向海洋倾倒垃圾、工业废弃物等，都是经常发生的，这类倾倒大多是在了解危害的情况下的活动；还有海岸滩涂围垦也属于这类现象。至于能力不及而产生的海洋环境危害。也是较为普遍存在的问题。其中主要涉及两类能力，一是经济能力，二是技术能力。就经济能力来说，不论发达国家，还是发展中国家都会遇到，当然发展中国家更为突出。对于发展中国家，主要还是解决人民的基本生存条件，没有多余的投资用在海洋环境的保护上。技术能力基本与经济能力的情况相类似，与发达国家相比，发展中国家更是有着巨大的差距。因此，发展中国家即便想开展海洋环境的保护工作，有时也会因技术不具备而难以实施。两种原因，虽然性质上是不同的，但实际的海洋环境结果是一样的，都是以牺牲海洋环境为代价获得发展的条件。这条道路已被海洋环境的恶化和由此产生的资源衰退证明是行不通的。先污染后治理将要付出更大的经济代价，先污染后治理造成的生态、环境代价将难以估算，从全球环境而言，发达国家早期以牺牲海洋环境求得发展，为我们今天酿成了沉重的、灾难性的历史后果，至今还在继续着对海洋环境的影响，其中包括全球变暖下的全球海平面上升。不少的优美海洋自然景观和沿海沼泽湿地消失、生物多样性减少，一些珍稀海洋物种消亡等，实践和教训说明，海洋环境工作与保护需要坚持预防为主的原则。

海洋环境污染和破坏，其结果的形成，原因是多方面的，有直接原因，有间接原因，还有的原因至今尚不清楚，如全球海平面变化、海洋赤潮等。但不论原因清楚与否，有一点是无疑的，环境污染与破坏，都是综合因素造成的。原因的多样性决定了整治的综合性。首先，表现在海洋环境恶化的遏制上，杜绝或减轻环境的继续破坏，针对性的措施是切断污染源和危害环境的各种直接或间接的力量与过程，这是治本的防治办法。其次，表现在整治已破坏或受到污染的海洋环境上，海洋环境即使是很小的海域，其组成要素也是极为复杂的，既包括地形地貌、沉积物，也包括海水介质、生态系统等，在区域受到损害的情况下，不可能是其中的某一个要素，如当水质受到污染后，污染物必然要传递给沉积物和生物体；如当海岸地貌形态发生变化时，也要改变海底沉积物动态、地形和生态系统的结构等。由于这种内在的特点，要求海洋环境的治理不能只采取"单打一"的措施，而应该实行综合治理。再者，就治理技术和行政办法也必须是综合的。在技术上，可以运用工程的方法，修筑海堤、补充沙源以防止海岸侵蚀；应用生物工程，恢复、改善生态系统，提高海域生物生产力；利用回灌技术，制止沿海低平原人为原因的地面下沉，防止海水入侵。在行政上，使用相应的手段控制环境非正常事件的发生等。无论从哪一方面考虑，海洋环境的治理都是一项综合性很强的工作。

(三) 环境有偿使用原则

环境是一类资源，对其开发利用不应该是无偿的，特别是有损害的环境利用，更应该是有代价的。在中国环境保护法律法规中，也包括这方面的规定，例如《中华人民共和国水污染防治法》第15条："企业事业单位向水体排放污染物的，按照国家规定缴纳排污费；超过国家或者地方规定的污染物排放标准的，按照国家规定缴纳超标准排污费。"虽然该法的适用范围仅及陆地水域，但所规定的向水域排放污染物要缴纳费用，本质上属于利用环境的有偿性。再如，根据《中华人民共和国海洋倾废管理条例》和《中华人民共和国海洋石油勘探开发环境保护管理条例》及其实施办法，制定的《关于征收海洋废弃物倾倒费和海洋石油勘探开发超标排污费》的规定，要求"凡在中华人民共和国内海、领海、大陆架和其他一切管辖海域倾倒各类废弃物的企业、事业单位和其他经济实体，应向所在海区的海洋主管部门提出申请，办理海洋倾废许可证，并缴纳废弃物倾倒费。"虽然收费数额出于政策考虑掌握较低，但这种费用不属一般的管理费，而是倾废对海洋环境损害的付费。它也表明海洋环境使用的代价。

海洋环境的利用变无偿为有偿，其积极的意义在于：①有偿使用海洋空间、环境是强化海洋环境保护的重要途径，也是海洋环保在国际上的通例措施。在《关于环境与发展的里约热内卢宣言》中，就有这方面的原则要求，其原则 16 提出："考虑到污染者原则上应承担污染费用的观点，国家当局应该努力促进内部负担污染费用，并且适当地照顾公众利益，而不歪曲国际贸易和投资。"其原则 12，13，14 都阐述了对引起环境退化的一切活动实行费用补偿，将是全球环境控制的不可替代的方法之一，为此，国际组织要大力推进有关法律制度的建立。②有利于海洋环境无害或最大减少损害的使用，维护海洋生态健康和自然景观。如果海洋环境继续无代价利用，没有反映在经济利益上的约束机制，客观上便失去了保护海洋环境的物质动力，海洋开发利用者很难能够做到持续不懈地、自觉地保护海洋环境。如果能转为有偿、危害罚款并治理恢复，这样一切开发利用的企事业单位或个人，他们即便完全为了自己的利益，也要努力减少危害海洋环境的支出，从而在客观上达到海洋环境保护的目的。③积累海洋环境保护的资金。保护海洋环境是为了更好地利用和发挥海洋对人类的价值，并不是完全限制有益的利用。利用海洋环境是必需的，也是完全应当的。因此，海洋环境的损害，甚至破坏，从大范围来看是不可避免的，由此产生的结果是海洋环境治理工作是一项历史性的任务。治理资金需要较多，广泛筹备是必要的，但是海洋环境保护内部积累一部分也是重要的来源。执行环境有偿使用，将所收经费用在国家管辖海域的环境伤害的治理上，不仅有利于环境维护，而且有利于活化海洋环境保护。

在海洋环境保护工作中需要贯彻的原则，其他还有生态原则、海洋经济建设与海洋环境协调原则、动态原则、海洋自然过程平衡原则等。也是应予贯彻执行的重要原则。

（四）全过程控制原则

海洋环境是一个复杂的系统，海洋环境保护也因此是一个负责的系统过程。既包括生活劳动过程和生产活动过程的控制，又包括海洋污染过程和陆地污染过程的控制；既包括工程前、工程中和工程后的控制，又包括工艺、技术、方法、计量等方面的控制。

第四节　海洋环境保护现状

一、中国海洋环境保护的现状

（一）海洋自然环境的现状

中国位于亚洲大陆的东南部，北太平洋西侧，近岸海域陆架宽阔，地形复杂，横跨温带、副热带和热带三个气候带，四季交替明显，沿岸岛屿众多。中国海域面积约 300km^2，海岸线长达 3200km，其中大陆海岸线长 18000 多 km，拥有 6500 多个岛屿，具有得天独厚的海洋资源和多样性的海洋生态系统。中国还拥有丰富的可利用海洋资源，如石油、天然气、矿产、海洋生物和各种可再生资源等。

（二）海洋环境保护制度建设现状

随着国家对海洋环境保护工作的日益重视，中国海洋环境保护的法律法规体系和制度逐步建立和完善。1982 年，国家颁布了《中华人民共和国海洋环境保护法》，以法律的形式对海洋环境保护进行了明确规定。2016 年 11 月，全国人民代表大会常务委员会对原先的法律进行了修订和完善，本次修订主要有 3 个亮点：一是将生态保护红线和海洋生态补偿制度确定为海洋环境保护的基本制度；二是首次以法律形式明确海洋主体功能区规划的地位和作用；三是加大了对污染海洋生态环境违法行为的处罚力度。目前海洋环境保护领域已发布 50 余项国家标准和 80 余项行业标准。

二、海洋环境保护中存在的问题

（一）海洋环境保护制度和标准不够完善

中国现行的海洋环境保护法制化建设存在相对滞后性，相关的评估、监督和管理体系也不够完善。目前海洋生态方面的标准主要集中在监测和健康评价技术领域，生态整治修复及其效果评估、生态系统功能和生物多样性评价等标准尚有空白，海洋生态红线、海洋生态文明示范区、滨海湿地固碳示范区和自然岸线保护修复等标准化工作有待深化。

（二）近岸海洋生态环境问题突出

受工业污水、城镇生活废水和农业面源污染等陆源入海污染物的影响，近岸海洋水质总体呈逐年恶化的趋势，赤潮灾害和渔业水域污染事故时有发生，自然岸线和滨海湿地减少，局部海域生态系统功能退化。近海渔业资源衰退严重，鱼类产卵场、索饵场、越冬场及洄游通道受到较大破坏，多数传统优质鱼种已不能形成鱼汛。

（三）海洋环境保护资金和技术支持不足

目前，中国海洋环境保护信息化整体水平不高，科技支撑能力明显不足，基层环境监测能力和专业技术人员较为缺乏，海洋环境风险管控和应急能力建设相对薄弱。虽然国家不断加大资金投入，但相比海洋环境保护工作对资金的实际需求，差距仍很大，这造成了中国重点海域的海洋管理相对滞后，监控体系功能不完善，涉及海洋生态系统的建设投资就更加微薄了。

三、海洋环境保护的改善途径

（一）加强海洋环境保护体系建设

中国要进一步加强海洋环境保护相关的法律法规和制度建设，对不符合时代发展要求的相关政策要及时进行修订和调整。结合中国海洋环境保护工作实际和需求，进一步完善海洋环境保护标准体系，加强对国家重要技术标准、业务急需标准和标准体系缺失标准的研究、制定和优先采用。要积极构建中国海洋环境保护的研究体系，把现代化、科学化和系统化的管理方法运用进中国海洋环境保护标准制度的建设中。

（二）加强海洋环境监管能力建设

要全面落实主体功能区规划和海洋功能区划，强化主体功能区规划在海洋空间开发保护中的基础作用，推动形成海洋主体功能区布局。严格实施海洋生态红线制度，通过严格涉海事项审批、加强海洋环境监测、强化执法巡查等措施确保生态红线各项管控措施落实到位。根据海洋资源禀赋和承载能力，坚持陆海统筹、以海定陆，实施陆海联防共治，严格控制陆源污染物向海洋排放，加强近岸海域污染物总量控制，协调推进海洋生态环境监督管理、污染防治、监测评价、应急响应和生态保护的协调机制。推进环境污染综合治理，加大海岛保护与海岸线生态修复力度，改善海洋环境质量。健全海洋、环保和其他涉海部门共同参与的海洋环境联合执法机制。建立健全海洋生态环境应急响应机制，制定海洋溢油、化学品泄漏、赤潮等海洋环境灾害和突发事件应急预案，提高环境风险防控和突发事件应急响应能力。加强综合执法管理系统和执法能力建设，提升基础保障能力和水平，全面提升执法信息化水平。

（三）加大海洋环境保护资金投入和人才建设

沿海各级人民政府要把海洋环境保护工作作为重要内容，列入国民经济和社会发展规划中，把海洋生态环境保护资金纳入各级财政保障范围，专项用于海洋环境污染防治和海洋生态保护与修复。加强政府与社会资本合作，通过特许经营、购买服务等方式，鼓励和引导社会投资，多渠道、多层次、多方位拓宽资金筹措渠道。制定和完善投融资、税收、进出口等有利于海洋环境保护的优惠政策，引导资金投向海洋环保项目，扩大引进资金的力度和领域。积极发挥国内外高校、科研院所等机构在海洋自主创新的主力军作用，积极开展海洋环境保护关键性、基础性科学问题研究，开展海洋污染防治控制项目、生态环境保护项目、海洋生物资源养护和海洋环境灾害监测预报预警系统等科技领域的新理论、新技术和新方法的研究和推广，着力推进海洋环境保护标准体系建设。加大对海洋环境保护工作的研究力度，投入充足的研究资金和先进的技术支持，积极实施引智工程，引进国内外高层次海洋科技和管理人才，加强对基层海洋环境保护工作专业技术人员的培训力度，为海洋环境保护工作提供智力保障。

第三章　海洋环境保护技术

在资源日益枯竭的今天，丰富的海底能源，为国家的发展提供巨大的资源保障，并且海洋也提供多种可再生的能源，如潮汐能、波浪能、水温能、盐度差能等。但随着海洋经济的高速发展，人们对海洋资源的过度开发与利用，导致海洋环境污染程度日趋严重，生态环境破坏日益突出，生态系统的稳定性开始减弱，海洋保护工作已经刻不容缓，本章主要介绍了海洋环境保护中常应用的一些技术。

第一节　海洋环境计算

一、污水排海量的确定

污水排海量的确定是污染源调查的重要内容，确定污水排海量的方法有推算法和实测法。

推算法。根据用水量和耗水量推算污水排海量：

$$Q_w = Q_t - Q_h \tag{3-1}$$

式中：

Q_w — 污水排海量，万吨/年；

Q_t ——用水总量，万吨/年；

Q_h ——消耗水总量，万吨/年。

实测法。通过对入海排污口的现场测定，得到污水的排海速度和污水排海管（渠）道的截面积，计算出污水排海量：

$$Q_w = S \times M \times T \times 10^{-4} \tag{3-2}$$

Q_w ——污水排海量，万吨/年；

S——污水排放速度，米/秒；

M——污水排海管（渠）道的截面积，平方米；

T——年排放时间，秒/年。

二、污染物排海量的确定

污染物排海量的确定是污染源调查的核心。确定污染物排海量的方法有物料衡算法、经验计算法和实测法三种。

物料衡算法。生产过程中投入的物料应等于产品所含此种物料的量与此种物料流失量的总和。如果物料的流失量全部由污水携带入海，则污染物的入海量就等于物料流失量。

经验计算法。根据生产过程中单位产品的排污系数求得污染物的入海量：

$$Q = K \times W \tag{3-3}$$

式中：

Q——污染物单位时间入海量，千克/小时；

K——单位产品经验排放系数，千克/吨；

W——单位产品的单位时间产量，吨/小时。

实测法。通过对入海排污口的现场测定，得到污染物的排海浓度和污水排海量，计算出污染物的排海量：

$$Q = C \times L \times 10^{-6} \tag{3-4}$$

式中：

Q——污染物的排海量，吨；

C——实测的污染物算术平均浓度，毫克/升；

L——污水排海量，立方米（吨）。

三、评价方法

一般应采用"等标排放量法"分析污染物的等标排放量，污染源的等标排放量，区域等标排放量和区域污染源等标排放量比值。

等标排放量的基本计算公式：

$$P = M/S \times 10^9 \tag{3-5}$$

式中：

P——等标排放量（升/年）；

M——污染物入海量（吨/年）；

S——污染物的排放标准（毫克/升）。

污染物的等标排放量为：

$$P_{ij} = M_{ij}/S_b \times 10^9 \tag{3-6}$$

式中：

P_{ij}——i 污染源的 j 污染物的等标排放量（$i=1$，$\cdots$，n），（$j=1$，$\cdots$，m）（升/年）；

M_{ij}——i 污染源的 j 污染物的入海量（吨/年）；

S_b——选用的评价标准（毫克/升）。

污染源的等标排放量为：

污染源的等标排放量等于该污染源各污染物的等标排放量之和。

区域等标排放量为：

区域等标排放量等于该区域内各污染源的等标排放量之和。

区域污染源等标排放量比值为：

$$K = P_j / P_r \times 100 \tag{3-7}$$

式中：

K 区域污染源的等标排放量比值；

P_j——j 污染源的等标排放量；

P_r——区域污染源等标排放量之和。

第二节　海洋环境污染控制技术

一、海洋石油开采过程中的污水处理技术

（一）陆地污水的处理工艺

在介绍海洋石油开采过程中的污水处理前，先了解一下陆地污水的处理工艺，从而判断两者之间的区别和产生区别的原因。

陆地污水处理工艺较成熟，可分为物理处理法、化学处理法和生物处理法三种。通常一个好的污水处理工艺往往同时包含这三种方法，或至少是两种方法的有机组合。

1. 物理处理法

物理处理法的基本原理是利用物理作用使悬浮状态的污染物与废水分离。在处理过程中污染物不会发生变化，该法使废水得到一定程度澄清的同时，又可以回收分离下来的物质加以利用。其最大的优点是简单、易行、效果良好，

并且十分经济。常用的物理处理法有过滤法、沉淀法、浮选法等。过滤法可以利用格栅与筛网，还可以利用粒状介质过滤；沉淀法则主要依靠重力沉降；浮选法又称气浮法，主要利用气泡黏附污水中的污染物，使其上浮至液面分离。

（1）格栅与筛网

在排水工程中，废水通过下水道流入水处理厂，首先应通过斜置在渠道内一组金属制的呈纵向平行的框条（格栅）、穿孔板或过滤网（筛网），使漂浮物或悬浮物不能通过而被截留在格栅、细筛或滤料上。该步工序属于废水的预处理，其目的在于截留大颗粒物质和回收有用物质；初步澄清废水以利于后续的处理，减轻沉淀池或其他处理设备的负荷；保护抽水机械以免受到颗粒物堵塞而发生故障。

（2）粒状介质过滤

废水通过粒状滤料（如石英砂）层时，其中细小的悬浮物和胶体就被截留在滤料的表面和内部空隙中。这种通过粒状介质层分离不溶性污染物的方法称为粒状介质过滤。

当废水自上而下流过粒状滤料层时，粒径较大的悬浮颗粒首先被截留在表层滤料的空隙中，从而使此层滤料空隙越来越小，截污能力随之变得越来越高，结果逐渐形成一层主要由被截留的固体颗粒构成的滤膜，并由它起主要的过滤作用。这种作用属于阻力截留或筛滤作用。

此外，废水通过滤料层时，众多的滤料表面提供了巨大的沉降面积。据估计 $1m^3$ 粒径为 0.5mm 的滤料中就有 $400m^2$ 不受水力冲刷影响而可供悬浮物沉降的有效面积，形成无数的小"沉淀池"，使悬浮物极易在此沉降下来。

由于滤料具有巨大的表面积，它与悬浮物之间有明显的物理吸附作用。另外，在水中砂粒表面常常带有负电荷，能吸附带正电荷的铁、铝等胶体，从而在滤料表面形成带正电荷的薄膜，并进而吸附带负电荷的黏土和多种有机物等胶体，在砂粒上发生接触絮凝。

在实际过滤过程中，阻力截留、重力沉降和絮凝作用往往同时存在。

过滤工艺包括过滤和反洗两个基本阶段。过滤即截留污染物，反洗即把污染物从滤料层中洗去，使之恢复过滤功能。

（3）沉降法

沉降法是指利用废水中的悬浮颗粒和水密度不同的原理，借助重力沉降作用将悬浮颗粒从水中分离出来的水处理方法，应用十分广泛。沉降法根据水中悬浮颗粒的浓度及絮凝特性（即彼此联结、团聚的能力）可分为四种。

①分离沉降（或称自由沉降）

分离沉降是指颗粒之间互不聚合，单独进行沉降。在沉降过程中，颗粒呈离散状态，只受到本身在水中的重力（包括本身重力和水的浮力）和水流阻力的作用，其形状、尺寸、质量、下降速度均不改变，如含量少的泥沙在水中的沉淀。

②混凝沉降（或称絮凝沉降）

混凝沉降是指在混凝剂的作用下，废水中的胶体和细微悬浮物凝聚为具有可分离性的絮凝体，然后采用重力沉降予以分离去除。由于采用了混凝剂，因此该方法的混凝过程属于化学处理法，混凝后的重力沉降属于物理处理法。常用的无机混凝剂有硫酸铝、硫酸亚铁、三氯化铁及聚合铝，常用的有机絮凝剂有聚丙烯酰胺等，还可采用助凝剂如水玻璃、石灰等。混凝沉降的特点是在沉降过程中，颗粒互相接触碰撞而聚集形成较大絮体，因此颗粒的尺寸、质量和下降速度均会不断改变。

③区域沉降（又称拥挤沉降、成层沉降）

当废水中悬浮物含量较高时，颗粒间的距离较小，颗粒间的聚合力能使其集合成为一个整体，并一同下沉，而颗粒相互间的位置不发生变动，因此澄清水和浑水间有一明显的分界面，且此分界面逐渐向下移动，此类沉降称为区域沉降。例如，高浊度水的沉淀池及二次沉淀池中的沉降多属此类。

④压缩沉降

当悬浮液中的悬浮固体浓度很高时，颗粒互相接触、挤压，在上层颗粒的重力作用下，下层颗粒间隙中的水被挤出，颗粒群体被压缩，此类沉降称为压缩沉降。压缩沉降主要发生在沉淀池底部的污泥斗或污泥浓缩池中，作用过程较缓慢。

沉淀的主要设备是沉淀池。对沉淀池的要求是能最大限度地除去水中的悬浮物，以减轻其他净化设备的负担或对后续处理起一定的保护作用。沉淀池的工作原理是让沉淀处理的水在池中缓慢地流动，使悬浮物在重力的作用下沉降。沉淀池的类型主要有平流式、竖流式和辐流式三种。

2. 化学处理法

化学处理法是指利用化学反应的作用来去除水中杂质的方法。其主要处理对象是废水中无机的或有机的（难以生物降解的）溶解态或胶态的污染物。它既可使污染物与水分离，回收某些有用物质，也能改变污染物的性质，如降低废水的酸碱度、去除金属离子、氧化某些有毒有害的物质等，因此可使废水达到比物理处理法更高的净化程度。常用的化学处理法有混凝法、中和法、氧化还原法和化学沉淀法。但是化学处理法也有局限性，主要体现在：①由于化学处理废水时常需采用化学药剂（或药材），运行费用一般较高，操作与管理的要求也特别严格；②化学处理法还需要与物理处理法配合使用，在化学处理之前，往往需要沉淀和过滤等手段作为前处理，有时某些场合下，又需要采用沉淀和过滤等物理手段作为化学处理的后处理。

（1）混凝法

粒径分别为 1～100 nm 和 100～10000mm 的胶体粒子和细微悬浮物，由于布朗运动、水合作用，尤其是微粒间的静电斥力等原因，能在水中长期保持悬浮状态，所以处理时需向废水中投加化学药剂，使得废水中呈稳定分散状态的胶体和悬浮颗粒聚集为具有沉降性能的絮体，然后通过沉淀去除，这样的处理方法称为混凝法。

混凝包括凝聚和絮凝两个过程。凝聚是指胶体脱稳并聚集为微小絮粒的过程，絮凝是指微小絮粒通过吸附、卷带和桥连而形成絮凝体的过程。

混凝处理工艺包括混合（药剂制备与投加）、反应（聚集）和絮凝体分离（沉淀）三个阶段。常用的混凝剂前面在介绍物理处理法中已有阐述。混凝沉淀池一般有分开式和综合式两种形式。

分开式混凝沉淀池由混合池（使废水和混凝剂快速混合）、絮凝物形成池和沉淀池三部分组成。废水和药剂在混合池中快速搅拌 1～5min，在絮凝物形成池中滞留 20～40min，用搅拌器慢慢搅拌，然后在沉淀池中滞留 3～5h，沉淀池中同样设有自动排泥装置。

综合式混凝沉淀池主要指各种类型的澄清池。澄清池将微絮凝的絮凝过程和絮凝体与水分离过程综合于一个构筑物中完成。在澄清池中有高浓度的活性泥渣，废水在池中与泥渣接触时，其脱稳杂质便被泥渣截留下来，使水变得澄清。

（2）中和法

中和法是指利用酸碱相互作用生成盐和水的化学原理将废水从酸性或碱性调整到中性附近的处理方法。

对于酸性废水，最常用的中和法是投药中和法和过滤中和法。投加的碱性药剂通常为石灰，具有廉价、原料普遍、易制成乳液投加等优点。另外还可采用苛性钠、碳酸钠和氨水为碱性药剂，它们具有组成均匀、易于贮存和投加、反应迅速、易溶于水且溶解度高等优点，但是价格相对昂贵。

（3）氧化还原法

向废水中投加氧化剂氧化废水中的有毒有害物质，使其转变为无毒无害或毒性小的新物质的方法称为氧化法。此法几乎可以处理各种工业废水，如含氰、酚、醛、硫化物的废水，以及除色、除臭、除铁，特别适用于处理废水中难以生物降解的有机物。

（4）化学沉淀法

化学沉淀法是指向废水中投加某些化学药剂，使其与废水中的溶解性污染物发生互换反应，形成难溶于水的盐类（沉淀物）从水中沉淀出来，从而除去水中污染物的处理方法。

（二）海洋采油污水处理

随着海上油田开采的深入，注水采油工艺已经开始使用。油井采出液需要进行油水分离，而分离出来的水还含有石油类物质、固体悬浮物、可溶性盐和油田化学添加剂等物质，不能直接排海。但海洋平台空间有限，不可能放置陆地污水处理的整套装备，也不可能有陆地污水处理工艺那么全面，这就需要有针对性的污水处理技术和紧凑高效的处理设施。

同样，现有的海洋采油污水处理方法也有物理处理法、化学处理法和生物处理法三种。物理处理法包括重力沉降技术、气浮技术、过滤技术、水力旋流除油技术等；化学处理法主要通过添加化学药剂实现采油污水的达标排放；生物处理法有微生物处理技术和膜分离处理技术等。

1. 物理处理法

物理处理法中的重力沉降、过滤、气浮都与陆地污水物理处理法的机理相同，只不过装置不一样。海上的污水处理装置多为罐装或撬装式，体积相对较小，空间利用率高。例如，水力旋流除油技术主要借助离心力加速油水分离，并兼顾了重力沉降，所采用的水力旋流器体积很小。

（1）重力沉降

重力沉降除油罐利用油、水和悬浮物的密度差进行分离，主要用于采油污水的预处理阶段。陆地油水分离装置有卧式和立式两种，而海洋平台则一般采用立式油水分离罐。

重力沉降中，如果时间足够长，密度小于污水密度的浮油会上浮到除油罐液面，密度大于污水密度的悬浮物则会下沉到罐底。密度差越大，颗粒上浮或下沉的速度越大，反之则越小；污水的黏度越大，颗粒的上浮或下沉速度越小，反之则越大；颗粒的粒径越大，颗粒上浮或下沉的速度越大，反之则越小。由于油水的密度差较小，所以重力沉降除油罐需要较长的滞留时间，一般为6~8h，因而体积较大。对于稀油的采油污水，重力沉降可以去除大部分的油和悬浮物，而对于稠油污水和乳化严重的采油污水，重力沉降的效果不明显。为了提高重力沉降除油罐的除油效率和减小除油罐的体积，人们开发出了斜板沉降除油罐。斜板沉降除油罐在罐中的分离区加装斜板或斜管，利用浅层沉降的原理，缩短了颗粒上浮的时间，从而提高了分离的效率。

（2）过滤

这里的过滤分为两个方面：一方面是指采用多孔材料截留采油污水中的固

体悬浮物，这与陆地污水处理的过滤相似，只不过将过滤池换成了过滤罐。另一方面还包括使含油污水通过一个装有填充物（也称粗粒化材料）的装置，在油珠经过填充物时使油珠由小变大的过程，这一技术又称粗粒化技术。

粗粒化技术处理后的污水，含油量和油的性质并未发生变化，只是更易于使用重力沉降将油除去，同时粗粒化技术只能提高浮油的去除效果，因此，粗粒化技术可以说是重力沉降除油技术的一个补充。粗粒化材料具有疏水亲油性，有粒状和纤维状两种，有天然的矿石如蛇纹石和石英砂，也有合成的材料如陶粒和聚丙烯塑料球等，其中蛇纹石使用相对较多。

（3）气浮

气浮技术利用微小气泡吸附在悬浮物或石油类物质颗粒上，由气泡产生的浮力将悬浮物或石油类物质颗粒"托出"水面，从而达到改善水质的目的。气浮技术适用于处理悬浮物密度接近污水密度的采油污水。气浮技术一般同化学絮凝结合在一起使用，尤其是针对成分复杂、乳化较严重的含油污水。采用气浮工艺处理含油污水，必须在化学药剂的配合下，才能真正意义上发挥气浮技术的优势。无论气浮工艺多么先进，如果污染物不经化学药剂的破乳、脱稳和絮凝处理，气浮去除的效率都是很低的，同时，好的气浮工艺又可以减少化学药剂的用量。

气浮技术按气泡产生方法的不同可分为布气气浮、溶气气浮和电解气浮。布气气浮法是指利用机械剪切力，将混合于水中的空气粉碎成细小的气泡，以进行气浮的方法。按粉碎气泡方法的不同，布气气浮法又可分为水泵吸水管吸气气浮、射流气浮、扩散板曝气气浮和叶轮气浮。溶气气浮法根据气泡在水中析出时所受压力的不同可分为加压溶气气浮和真空溶气气浮两种类型。另外，根据处理设备分离区所受压力的不同，溶气气浮又可分为重力式和压力式两种。溶解气体的种类一般为空气，特殊情况下也用天然气或氮气。电解气浮法则利用多组电极在直流电的作用下于正负两极间产生氢气和氧气的微小气泡，以实现气浮。

布气气浮对设备要求较高，布气装置容易损坏，不易维护；电解气浮由于电耗较高，操作和维护不易，难以应用到实际工程中；加压溶气气浮具有结构简单，操作方便，占地面积小等优点，因而应用相对较多。

2. 化学处理法

化学处理法主要用于处理含油废水中不能单独用物理处理法或生物处理法去除的一部分胶体和溶解性物质，特别是乳化油，包括混凝沉淀法、化学转化法和中和法。它们的处理机理与陆地污水化学处理法的机理相同，只是采用的化学药剂有一定的针对性。另外，它们涉及的化学处理也在相应的罐体内发生，以节约平台空间。这里不再详细介绍化学处理法的工艺和设备，仅介绍添加的化学药剂。采油污水处理过程中常用的药剂主要有除油剂、混凝剂、助凝剂、杀菌剂、阻垢剂和缓蚀剂，另外还有用于调节水质的酸和碱。

除油剂一般是阳离子的有机聚合物，如阳离子聚丙烯酰胺、二甲基二烯丙基氯乙胺等。除油剂在除油罐之前加入，其目的和作用是尽可能地使乳化状的原油破乳而不破坏胶体状悬浮物的稳定性。

二、海洋溢油处理技术

海面溢油处理，也称海面溢油清除，在国外，又称"和油作战"。它的确好像异常紧急战斗，与此相关的战斗队伍一般具有准军事性质，如美国等西方国家的海岸警备队，日本的海上保安厅等。

一旦海上溢油事故发生，石油就会对海洋环境造成严重危害，因此必须采取积极有效的方法减少或消除石油的污染。

迄今为止海面石油污染的处理方法大致有以下几种：物理修复法、化学处理法和生物治理技术。

（一）物理修复法

物理修复法就是借助于机械装置或吸油材料消除海面和海岸的石油污染。这是目前国内外常用的处理方法，适用于较厚油层的回收处理。

1. 围油栏

围油栏是一种物理防油扩散装置。由于油的密度小于海水的密度，从水面以下一定深度到水面以上一定高度设置垂直挡板，可以阻拦一定厚度的油膜，如将围油栏延长展开，就可以起到防止海面浮油扩散的作用。

围油栏主要用来处理一些突发性的石油泄漏（封锁和控制到港、离港的油船，炼油厂，油库及触礁油船所发生的溢油）及海洋石油开采的喷油事故等，还可以控制海上漂浮的污染物和拆船过程中的污染，以及控制海滨浴场、海上渔场和河流、湖泊的污染。

2. 油回收器

油回收器是指能在水面捕集浮油的机械装置。其种类很多，按回收方式可分为吸引式、吸附式、黏附式、倾斜板坡式、堰式、涡流式、带式、吸油材料吸附式等；按构造可分为吸引式、黏附式和堰式三类。

（1）吸引式油回收器

吸引式油回收器以吸引为特征，功能类似家用吸尘器，可分为真空吸引、浮体吸引、混合气喷吸引、喷射泵吸引等。这类装置构造简单，在油层较厚的情况下吸油效率很高，但它对波浪的适应性较差，因此适合于平静的水面使用。此外，遇到薄油层时，其收油率较低。

（2）黏附式油回收器

黏附式油回收器包括旋转板黏附式、黏附带式和黏附绳式等几种。它们利用多孔物质的毛细现象将油黏附到连续转动的多孔质鼓、带或拖把上，再将油绞挤出来；或黏到平滑的板状或带状体表面，再把油刮去。

黏附式油回收器回收油的能力与吸油材质及其使用方式有关，由于吸油材质寿命有限，需定期更换，因此比较麻烦。此外，黏附式油回收器易于吸附黏度高的油类，对黏度低的溢油回收效率较低。

（3）堰式油回收器

堰式油回收器由一个装有浮体的圆筒构成。圆筒边缘与水面保持一致，由于重力作用油通过圆筒边缘进入筒内，再由泵将其抽入储油容器内。该装置适用于浅水，能回收各种油。它结构简单，结实耐用，但抗浪性较差，当风浪大时，回收的油中含有大量的水。

（二）化学处理法

1. 燃烧法

燃烧法是指用火点燃溢油使其自行消失的方法。这种方法所需后勤支持少且高效快速，但是它有可能对生态造成不良影响。石油燃烧产生的二氧化硫和三氧化硫会严重污染大气。硫氧化物对人体的危害主要是刺激人的呼吸系统，吸入后会诱发慢性呼吸道疾病，甚至引起肺水肿等心肺疾病。如果大气中同时有颗粒物质存在，颗粒物质吸附了高浓度的硫氧化物以后可以进入肺的深部，会大大增加危害程度。石油燃烧产生的氮氧化物和硫氧化物在高空中被雨雪冲刷、溶解，使雨成为酸雨；这些酸性气体成为雨水中夹杂的硫酸根、硝酸根和铵根离子，会严重污染土壤以及水体，造成生态失衡。

2. 化学药剂法

化学药剂法是采用投加化学药剂的方法来消除海水中的石油，常用的化学药剂包括溢油分散剂、凝油剂和集油剂等。

（1）溢油分散剂

溢油分散剂是一种由表面活性剂、渗透剂、助溶剂、溶剂等组成的均匀透明液体。溢油分散剂可以减少石油和水之间的表面张力，使溢油在水面乳化形成 O/W 型乳状液，从而使石油分散成细小的油珠分散在水中，使溢油微粒易于与海水中的化学物质发生反应，或被降解石油烃的微生物所降解，最终转化成二氧化碳和其他水溶性物质，从而加速了海洋对石油的净化过程。

当今国际上主要使用的溢油分散剂有传统的分散剂、浓缩无水分散剂、浓缩加水分散剂。当油层较薄或因气候条件恶劣无法使用机械方法回收时，宜用溢油分散剂进行处理。海上使用时最好将溢油分散剂不加稀释，直接喷撒油面，在海上风浪作用下可使溢油乳化，如果使用破栅板、消防水龙或船舶螺旋桨等人工搅拌混合，则效果更好。溢油分散剂一般用量为溢油的 1%～20%。它具有使用方便，效果不受大气、海水状况影响的优势，是在恶劣条件下处理溢油的首选方法，但是在使用过程中可能对生态环境造成破坏，因此溢油分散剂必须满足一定的使用指标。

（2）凝油剂

凝油剂为白色或微黄粉末，密度小于 1，不溶于水，对水体表面的各种油品，如原油、柴油、汽油、机油、植物油等皆有显著的亲和凝结作用，它可使石油在短时间内凝结成黏稠物或坚硬的果冻物。凝胶油块密度小于 1，能漂浮于水面上，再通过一些机械方法进行回收，回收后的油块可用于炼油、与沥青混合铺路或直接用于锅炉燃油。其优点是毒性低，不受风浪影响，能有效防止油扩散。近几年国外报道的凝油剂有聚丙烯醇醚和聚氧烷基乙二醇醚、皮革纤维等，但尚未在实际中得到应用，仍处于实验阶段。

（3）集油剂

集油剂通过改变油、水的表面张力使溢油聚集后再用其他方法回收，可以说集油剂是一种化学围油栏，适用于港湾、海域内，作为铺设围油栏之前的辅助手段。凝油剂是使溢油变成凝胶状凝固，而集油剂是将扩散的油聚集起来但不使其胶凝。集油剂的扩散速度，决定了其集油效果，而扩散速度取决于温度、集油剂的活性成分及溶剂的性质。

（三）生物治理技术

生物治理就是利用微生物的新陈代谢作用来提高和扩大污染物降解的速度和范围，以减少污染现场有害物质的浓度或使其完全无害化，从而达到治理环境污染的目的。与物理、化学修复方法相比，生物修复对人和环境造成的影响最小，且修复费用仅为传统物理、化学修复的 30%～50%。物理处理方法常存在吸收溢油效率低的问题，化学处理方法因投加药剂可能会带来一定的负面影响，而生物处理方法能够有效清除海面油膜和分解水中溶解的石油烃，并且费用低、效率高、安全性好，被认为是最可行、最有效的方法。

20 世纪 70 年代初，美国率先开展了细菌消除海上石油污染的研究。早期的研究内容主要是筛选能氧化石油烃的海洋细菌，进行石油降解能力的测定和加速消除石油污染的生态环境条件的研究。

据报道，能够降解石油的微生物有 200 多种，分属 70 多个属，其中细菌约 40 个属。据统计，地球上通过渗透方式泄漏到海洋中的石油，平均每年都有 $130 \times 10^4 t$，这些石油之所以没有造成污染，都是因为深海中的诸如食烷菌属这类嗜油微生物的功劳。海洋中主要的石油降解菌属包括：无色杆菌属、不动杆菌属、产碱细菌属、节杆菌属、芽孢杆菌属、黄杆菌属、棒杆菌属、微球菌属、假细胞菌属等。

海洋生物除油污的基本原理就是利用微生物来加速降解和分解油中的石油烃类，使之转化为无毒或低毒的物质，从而减少对环境造成的危害。微生物对石油烃类的降解实际是一种生物氧化作用，其主要代谢途径有以下几种：

（1）将石油烃类分解为二氧化碳和水；

（2）将石油烃类转化为微生物的生命物质，如蛋白质、氨基酸、脂类和多糖等；

（3）将石油烃类转化为其他物质，如各种醇、苯酚、醛、脂肪酸等。

三、海洋平台生活垃圾处理技术

海洋平台作业人员长期在平台生产、生活，除了施工产生的工程废弃物外，人员生活产生的垃圾也不能随意丢弃。在有限的平台空间上，可以对垃圾进行破碎和分选，然后采取焚烧、填埋等技术进行处理。

（一）破碎和分选

垃圾破碎的目的主要是改变垃圾的形状和大小，以适合进一步处理和利用的需要。经过破碎后的垃圾具有如下优点：①可增大容量，减少容积，从而提高运输效率，降低运输费用；②破碎后的细碎垃圾，有利于处置时压实垃圾土层，加快复土还原工程的速度；③破碎后的垃圾对垃圾分类、分拣有利，容易通过磁选等方法回收高品位金属；④有利于用焚烧法处理，提高垃圾焚烧的热效率。垃圾破碎通常采用颗式、锤式、滚压式、撕裂式和剪切式破碎机等进行破碎。由于平台生活垃圾尺寸有限，可以采用人工破碎或借助小型的机械破碎。

由于垃圾中有许多可以作为资源利用的组分，有目的分选出需要的资源，可达到充分利用垃圾的目的。垃圾的分选方法有手工分选、风力和重力分选、筛分分选、浮选、光分选、静电分选和磁力分选等。

平台垃圾分选可以先由人工预分选，堆放较久的垃圾可以采用小型的风机或天然风进行风力分选。

分选出的垃圾可以用拖船拖回岸上进行处理和卫生填埋，还可以就地焚烧。

（二）焚烧

采用焚烧处置生活垃圾，可以使垃圾减重、减容，并可以使某些有害组分分解和去除，因此，焚烧是比较理想的处置方法。生活垃圾的焚烧工艺过程和焚烧危险废弃物的工艺过程大致相同，但由于垃圾焚烧温度一般在800~1000℃，所以其适用的炉型与焚烧危险废弃物的炉型不同。普遍采用马丁炉等靠炉算传送垃圾的固定式焚烧炉，也有的采用流化床（沸腾床）焚烧炉等。

马丁炉的炉栅有活动式和固定式两种类型。活动式炉栅可随炉算移动而慢慢移动，不断翻动燃烧着的垃圾层，因此，具有较高的燃烧效率。

流化床焚烧炉也称沸腾床焚烧炉，这种焚烧炉广泛用于处置石油、化工、造纸、核工业等废弃物，已有50多年历史。使用流化床焚烧炉时，生活垃圾必须在入炉前将垃圾中的金属、玻璃等杂物剔除，并进行粗碎。

热解是处置垃圾较新的方法。该方法的处置过程分为两个步骤：第一步是在缺氧状态下的热分解，将垃圾分解为烟气和惰性的灰渣；第二步是烟气在高温状态下的完全燃烧，将有害气体完全分解，并且利用其他措施减少和控制SO_2及NO_x等的排放量，使尾气排放达到标准。

（三）卫生填埋

通过破碎和分选的生活垃圾经船舶运回陆地后，可以进行卫生填埋。卫生填埋是处置生活垃圾最基本的方法之一。由于填埋场占地量大，征地困难，因此该方法只适用于处置无机物含量较多的垃圾。

四、海水养殖污染控制技术

随着海水养殖业的迅速发展，盲目扩大规模和投入的负面效应日益严重，造成养殖环境不断恶化。一般水产养殖中常用的化合物主要有为控制疾病向水体中添加的杀菌剂、杀真菌剂、杀寄生虫剂；为控制水生植物使用的杀藻剂、除草剂；为控制其他有害生物使用的杀虫剂、杀杂鱼剂、杀螺剂。此外，还包括为降低水生生物创伤使用的麻醉剂和为促进产卵或增进生长的激素以及为提高机体免疫力使用的疫苗。这些都将残留在海水中，恶化海水水质。

（一）藻类修复

大型藻类可以有效吸收、利用养殖环境中多余的营养物质，从而减轻养殖污水对环境的影响，并提高养殖系统的经济输出，因此，被广泛应用于鱼、虾、贝类的综合养殖系统中。

大型藻类与鱼、虾、贝类等混养构成一种复合式养殖系统，该系统中大型藻类是自养型生物，鱼、虾、贝类是异养型生物，前者主要吸收水体中的无机营养盐，转化为有机体，后者主要依靠人工饲料，产生的污染物质会加速沿岸水体的富营养化过程。两者在生态功能上相互补充，共同构成一种复合式养殖系统。

因此，引入大型藻类是控制水体富营养化、增进食品安全和对污染水体进行生物修复的有效措施之一。但藻类对水体的净化作用、对营养盐的吸收速率随物理、化学和生物因素的变化而变化。实际采用时，需因地制宜，合理布置。

（二）动力改善水质

利用水泵、压缩空气改善水质的方法称为动力改善水质。

利用水泵有选择性地抽取底层污水到海面曝气，水泵的吸水口需设于密度跃层的下方，以不改变上层水的流量和流速进行抽水。

利用压缩空气改善水质的方法是以压缩空气在水底层喷出气泡，供给氧气，增加海水交换，使底层缺氧水团上升，促使其表面曝气，受到这种表面曝气的表层水潜入下层，由此往底层补充溶解氧。由压缩空气产生的流动还可以使潮汐流叠加，因此可以增大跟外海的海水交换。水越深，气泡越小，效率越高。

（三）海底曝光

用喷流曝气装置把溶解氧丰富的表层水向海底喷射，通过向底层水供给氧气和翻动表层泥使有机污泥扩散、分解，从而使底质的有机物大为减少。由于喷射作用，延长了底泥中的有机物在海水中的悬浮时间，即使海流较弱，也有大量悬浮有机物从渔场流出。

（四）健康养殖

所谓健康养殖是根据养殖对象生长、繁殖的规律及其生理特点和生态习性，选择科学的养殖模式，通过对全过程的规范管理，增强养殖群体的体质，控制病原体的发生和繁衍，使养殖对象在安全、高效、人工控制的理想生态环境中健康、快速生长，从而达到优质、高产的目的。其方法有自然养殖法、休药期养殖法、人工生态养殖法、多品种立体养殖法等。目前，中国已经发展了贝藻混养、鱼藻混养等二元混养及鱼贝藻间多元混养的立体养殖模式。为了减少对环境的压力，利用不同层次营养级生物的生态学特征，在养殖过程中使营养物质循环重复利用，不仅可以减少养殖自身的污染，而且可以生产多种有营养价值的养殖产品。

水产动物的健康养殖应满足以下几方面的要求：①能人为控制养殖生态环境条件，使环境能尽量满足养殖对象生长、发育的最适条件；②养殖模式（包括各种防疫手段）能使养殖动物正常活动，实行正常的生理机能，并通过养殖对象的免疫系统抵御病原体入侵及环境的突然变化；③投喂适当的能完全满足其营养需求的饲料（最好是配合饲料）；④上市产品无污染，无药物残留，近似绿色食品；⑤利用资源最省。

中国的浅海滩涂面积还存在一定的发展潜力，但空间再大，毕竟有限，更何况扩大养殖面积还存在与旅游开发、港口建设、自然环境保护与治理日益突出的矛盾。中国近海海域面积约 $37 \times 10^4 \mathrm{km}^2$，近年来随着沿海经济的高速发展和海洋资源开发利用力度的不断加大，污染程度日益加剧。相比之下，改良技术、依靠科学进步来促进海水养殖业的发展显得更为重要。尤其是传统的海水养殖业面临着各种严峻的挑战，要求必须用多学科的高新技术成果综合改造中国传统的养殖工艺，建立健康的养殖系统，才能保证中国海水养殖业的持续发展。

五、赤潮控制技术

（一）赤潮的预报

准确地预测、预报赤潮的发生是采取有效防治措施的基础，对于减少赤潮造成的损失和危害有着极为重要的作用。不少学者在研究有关赤潮多发水域的物理、化学和生物因素的基础上，对赤潮的预测、预报进行了多方面的探索，提出了多种赤潮预测、预报方法。目前，根据时间长短，可将赤潮的预测分为三种类型：长期预测、中期预测和短期预测。相应地根据预测结果分别发布长期赤潮预报、中期赤潮预报、短期赤潮预报。长期预报一般提前几个月发布，但其准确性相对比较差；中期预报通过对海水盐度、温度、赤潮生物数量等检测数据进行综合分析来判断赤潮发生的可能性，一般提前数周发布；短期预报通过检测水体中赤潮生物数量变化以及观察鱼、贝类健康状况来判断赤潮发生的可能性，提前几天公布，准确性比较高。

赤潮预报的常规方法主要包括数值预测法和经验预测法。数值预测法主要根据赤潮发生机理，通过各种物理—化学—生物耦合生态动力学数值模型模拟赤潮发生、发展、高潮、维持和消亡的整个过程而对赤潮进行预测；对大量赤潮生消过程监测资料进行分析处理则属于经验预测法，它基于多元统计方法，在选择不同的预报因子的同时，利用一定的判别模式对赤潮进行预测。

1. 潮汐预报法

潮汐预报法适用于以潮汐作用为主的近海海域。潮汐对赤潮生物的聚集与扩散起重要作用。潮水的涨落会引起海水交换，把底层丰富的营养盐输送到海水表层，于是赤潮生物在海水表层大量聚集，促进了赤潮的形成。例如，中国南海大鹏湾盐田海域，其水体交换主要依赖于潮汐、潮流，尤其是受潮汐影响较大，根据对其发生的影响分析，在水体交换缓慢的日潮期间更加有利于赤潮的发生。因此，对该海域进行赤潮预报可结合本地的天气预报和潮汐预报。

2. 垂直稳定度预测法

当海水水体成垂直混合时，底层营养盐向表层输送，引起海水垂直稳定度发生变化，这是赤潮易发生的环境典型迹象。因此，对赤潮发生进行预报可根据水体垂直稳定度的测定。

3. 近岸环流预测法

近岸环流预测法主要是通过对日本濑户内海地区赤潮发生的环流特性总结出来的。在濑户内海海域迄今为止发生的赤潮多与其水内环流方向有关，根据测定当进入纪伊水道的黑潮水系按逆时针方向旋转流动时，不发生赤潮；相反，如其按顺时针方向旋转流动时，一般会有赤潮发生。所以，对特定的海域根据其水内环流方向的不同可以进行赤潮预报。

4. 赤潮生物孢囊水温预测法

赤潮生物孢囊的萌发需要一定温度条件，赤潮生物孢囊从秋冬季节的低温海水中消失，沉入近海底泥中休眠，一旦水温达到 $20\sim22℃$ 时便开始萌发。所以，可通过对各海区各种赤潮生物孢囊萌发所需要的适宜水温进行测定来预报赤潮。另外，随着水温的升高，长年累月沉积在海底的污染底泥里的营养盐再次溶解到海水中，赤潮生成、发展的条件之一就是由此构成的。

5. 微生物（细菌）数量预报方法

大量的研究认为：海洋微生物与赤潮的形成有密切关系，微生物是赤潮的诱导因素，它促使赤潮生物的大量繁殖。水质变化情况可以根据细菌数量变化规律来判断，可初步预测赤潮的发生。曾活水等通过观测厦门西海域发生的赤潮情况发现，赤潮发生前后微生物数量随着水体中营养盐含量的增加而增加。水体中的营养盐含量是赤潮发生的物质基础，从而可通过对水体微生物数量多少的变化来预测赤潮发生。

（二）赤潮的防治

1. 赤潮预防

防治赤潮灾害的基础是开展赤潮预测与实时监测，但人们应该保护和改善日益恶化的海洋生态环境，将防止水体的富营养化作为当前的重要任务。水体富营养化为赤潮生物大量增殖和赤潮形成提供了物质基础。在富营养化水体中，一旦遇到适宜的水温、盐度和气候等条件或对赤潮生物繁殖有促进作用的物质，赤潮生物就会以异常的速度大量繁殖，高度聚集而形成赤潮，进而对海洋产业造成损失和危害。因此，应尽快制定切实可行的办法，使工农业废水排放的管理和生活污水的处理工作得到加强，使海水养殖业的自身污染问题得到解决，使沿海富营养化和海洋污染程度得到减轻。

在世界各地沿岸水域、河口区、封闭性和半封闭性海湾及大中城市附近海域发生的赤潮大多数都与水体富营养化有关，因此，要控制海水的富营养化。采取的重要措施之一就是要实施入海污染物总量控制制度，使富含营养物质的工农业废水从源头上减少排放入海量，还可以通过提高营养养殖技术，从而减少养殖业对海洋环境产生的影响。充分利用水体，合理开发水资源。海水养殖的"合理密植"、投饵的科学性及科学的饵料组成都是预防海域发生富营养化的可行性方法。

沿海大中城市是经济建设的重要区域，只有建立良好的海洋生态环境，才能对防止或减少赤潮的发生起到可靠保障，为沿海经济建设创造良好条件。可以从以下几个方面入手：

（1）努力减少有害物质进入海洋生态系统，防止水质恶化。不但要杜绝新污染源，还要对已受污染的海域采取有效的治理措施。

（2）合理开发利用海洋自然资源。根据不同的功能和生态特点，制定正确的海洋开发利用规划，避免盲目开发；开发高新科技，提高海洋生态研究水平，开展不同海区环境容量的系统研究，使对海洋环境和资源的监测和科学研究能力得到进一步加强，从而为合理进行开发活动和管理工作提供科学依据。

（3）对沿岸的生态环境提供良好的保护。在开发建设活动中，应尽量减少对沿岸自然生态环境的破坏，以防止水土流失，保持良好的海洋生态环境。这不仅有利于海水养殖业的健康、稳定、持续发展，而且对发展沿海经济等具有重要意义。

2. 赤潮治理

为了使赤潮发生时所造成的损失降到最小，人们探索了多种方法来治理赤潮。目前已经发展的赤潮治理技术主要有：①物理法，如机械回收、围格栅等方法；②化学法，如喷洒无机或有机药剂直接杀灭赤潮生物；③生物法，如利用海洋植物、海洋微生物进行赤潮的防治。

（1）物理法

①机械回收法

该法是通过配有吸水泵、离心分离机、凝集槽、混合槽等机械设备的赤潮回收专用船把含赤潮的海水吸到船上，然后加阻凝剂、加压过滤或离心分离并杀死赤潮生物。

②建隔离带

该法是把赤潮发生区域与养殖区用围栏隔开，避免赤潮生物扩散后污染其他海域，影响养殖业。

③超声波法

利用超声波法可以破坏高度聚集的赤潮生物细胞，但去除不同的赤潮生物需要不同频率的超声波进行照射，且超声波仅对表层高度密集的赤潮生物有效，对低密度或深沉的赤潮生物的破坏效果不佳。

（2）化学法

①药物杀除法

药物杀除法是利用特定的化学药剂直接杀死赤潮生物。用于杀死赤潮生物的药剂应具备以下特点：在低浓度时，就可以迅速杀死赤潮生物；剩余药剂在海水中容易分解和消失，对人体构不成大的危害，对非赤潮生物的有害影响小；药剂成本低。目前虽尚未发现完全符合上述特点的药剂，但实践表明，有一些药剂可以用于杀除赤潮生物。

最早用来治理赤潮的化学法是硫酸铜法，该法是用飞机或其他工具喷洒硫酸铜溶液，让硫酸铜缓缓溶解在水中来杀死赤潮生物。此法的有效范围仅限于内湾小面积海区，而对较大面积海区，由于海水不断流动，其药效难以发挥出来，并且因其有毒性，易造成二次污染，使用时需谨慎。在一定浓度范围内，过氧化氢可杀死赤潮藻类且对鱼类不造成任何伤害。另外，因为过氧化氢遇到水后会马上分解，所以污染程度极低。因此，过氧化氢对于杀灭船舶压舱水中的有毒赤潮生物孢囊可以发挥极大的作用。除了以上化学药剂外，还有次氯酸钠、氯气、甲醛等化学药剂也可用于治理赤潮。

相对于无机除藻剂而言，有机除藻剂的种类较多。有机除藻剂可分为人工化学物质和生物活性物质两类，主要是有机羧酸和有机胺。此类药剂具有药效时间长、对非赤潮生物影响小等优点。但由于其速效性差，易受潮流及自身扩散等因素的影响，所以使用量一般较大。

②絮凝沉淀法

絮凝沉淀法包括絮凝剂沉淀法和天然矿物絮凝法。

絮凝剂沉淀法是利用絮凝剂使赤潮生物凝集、沉降。现在国际上使用的絮凝剂有三大类：无机絮凝剂（电解质絮凝剂）、表面活性剂和高分子絮凝剂。铝和铁的化合物是普遍使用的无机絮凝剂，由于铝盐和铁盐在海水中具有胶体的化学性质，故对赤潮生物具有凝集作用，水体的 pH 值可以影响其作用效果。表面活性剂和高分子絮凝剂也是研究较多的赤潮生物絮凝剂，由于赤潮生物具有昼浮夜沉的垂直迁移规律，治理时的凝集过程主要在白天海水表层进行。在赤潮生物密集时使用该方法极为有效，而且所需时间较短，对非赤潮生物的影响比用化学药剂杀除小，还可以消除水体其他悬浮物。但是絮凝剂的价格通常相对较高，而且有些还是赤潮生物所需的微量营养物质。

天然矿物絮凝法是赤潮治理的一种很有发展前景的方法，杀灭和消除赤潮生物的有效方法是利用天然矿物对赤潮生物的絮凝作用。天然矿物以黏土矿物为主，其他矿物为辅。它具有来源丰富、成本低、污染程度低和吸附能力强等优点。

（3）生物法

赤潮治理的生物法是"以虫治虫"法，通过培养出赤潮生物的克星生物来捕食赤潮生物，这是一个新的研究方向。例如，弧菌可以破坏褐胞藻细胞膜；日本发现了一种可以破坏赤潮异弯藻细胞核的病毒。

中国是一个海洋大国，同时也是一个赤潮频发的国家，随着中国经济的迅速发展和对海洋开发与利用强度的增加，赤潮爆发的频度和强度都有进一步增加的可能，其也有可能对海洋生态系统和公众健康产生更加严重的危害。通过采取上述综合性的措施，再加上严格的管理、经济、法律等手段，随着科技工作者对其形成机制认识的不断加深，相信未来会遏制住中国近海生态系统不断恶化的势头，控制赤潮危害，使中国近海资源、生态、环境得到可持续发展。

第三节　海洋环境评价

一、海洋环境资源评价

海洋环境资源评价也即海洋功能评价。为了提高海洋资源的社会、经济和环境的整体效益、促进海洋经济可持续发展、科学合理地安排各功能区域的资源开发与环境保护，我们有必要对海洋功能进行科学、客观的定量评价，以便为沿海各级政府合理开发利用海洋资源、发展海洋经济以及在海洋规划、海域管理、资源开发与保护等方面提供科学的决策依据。

在海洋功能区划、海洋有偿使用、海洋管理、海洋规划等工作中都不可避免地涉及海洋功能的科学、客观、定量的评价问题。

海洋功能是指某海域在自然状态下或目前状态下海洋所具有的本底功能，是海域适用于各种海洋开发和使用需求的、先天的条件和能力。也就是说海洋功能系指海洋不同区域的自然资源条件、环境状况和地理区位，并考虑海洋开发利用现状和社会经济发展需求等。

为科学合理地开发利用中国海洋地区的各种资源，促进海洋地区经济的持续发展，就必须对这一地区实行海洋综合管理。在全面调查海域自然环境、自然资源、开发现状及存在问题和综合分析区域经济发展需求的基础上，确定海域及其毗邻陆域海洋功能区，并对贯彻实施海洋功能区提出相关措施和建议。

为了建立科学、合理划定海洋功能区的评价目标体系，所遵循的原则是：①指标选取必须揭示海洋不同区域的固有属性。这一原则要求所制定的确定海洋功能区的标准（评价目标）体系是对海洋特定区域的自然条件、区位条件、环境状况、资源条件、社会条件和社会需求等这些固有属性的界定。通过判别特定区域满足所制定的何种指标或标准，选定特定区域具备的各种功能，保证所做工作的合理性和科学性。②评价目标选取必须兼顾地域性和可操作性。一般地说，评价目标体系中选定的标准即指标，是按照全国统一的原则建立的，但考虑到中国海岸线漫长，南北纬度跨度大，固有条件相差悬殊，很难对评价目标都做出统一的规定。为此，对有些评价目标应做有弹性的规定，以满足地方性的需求。在不失科学性、规范性、通用性的基础上，做这种有弹性的规定，强调照顾地方功能和满足地方需求，可以大大提高评价目标体系的可实施性和可操作性。③评价目标选取必须兼顾到海洋功能条件具有可创造性。特定区域固有属性条件是适合特定功能的基础条件，但不是绝对条件。在现代科学技术条件下，在有特殊需要的特定情况下，也可以创造条件使特定区域满足特定功能。④评价目标选取要定量定性相结合。在指标选取中，最佳的选取是选取定量指标，要完全做到这一点现实条件还做不到；其次是选取定量与定性相结合的指标，要全部做到也有困难；只有在不得已的情况下才选取定性指标。但是，随着科技的进步、条件的不断成熟，可以不断丰富定量指标。⑤与涉海部门标准相协调。在评价目标制定工作中，要求充分吸取各种相关部门的标准。

二、海洋环境影响评价

海洋环境质量评价即是按照一定的评价标准和评价方法对一定区域范围内的海洋环境质量进行识别和评定。海洋环境影响评价也即海洋环境质量预测评价。一般来说，海洋环境影响评价所指的是包括海洋环境质量评价在内的海洋环境质量预测评价。海洋环境影响评价分为海洋区域环境影响评价和海洋工程环境影响评价。

（一）海洋区域环境影响评价

这是对某一海域，特别是对邻近大的。工业城市或海洋开发程度比较高的海域或海湾，一般在经过了一段时间的开发和利用后，为了摸清海域的环境质量状况而进行的评价。例如，渤海湾的环境质量评价，大连湾的环境质量评价等。

（二）海洋工程环境影响评价

海洋工程是指工程主体或者工程主要作业活动位于海岸线向海一侧，或者需要借助、改变海洋环境条件实现工程功能，或其产生的环境影响主要作用于海洋环境的新建、改建、扩建工程。

《中华人民共和国海洋环境保护法》第四十七条规定："海洋工程建设项目必须符合海洋功能区划、海洋环境保护规划和国家有关环境保护标准，在可行性研究阶段，编报海洋环境影响报告书，由海洋行政主管部门核准，并报环境保护行政主管部门备案，接受环境保护行政主管部门监督。"评价的目的是通过环境影响评价查清建设项目的环境背景，明确环境保护目标，同时通过评价对项目建设过程中和建成后可能对环境造成的影响进行系统的分析和评估，并向业主提出减少这些不利影响的环保措施和对策建议，明确开发建设者的环境责任及应采取的措施，以求将不利的环境影响减少到最低程度。同时，通过评价为环境保护者对建设项目实施有效保护提供科学依据，力争把项目建设所带来的不利影响降低到最低限度，以便使项目建成后，能达到最大的社会、环境、经济效益。

第四节　海洋环境监测

一、海洋环境监测的概念

海洋环境监测的涵盖面很广，它既包括传统的一些海洋观测，又包括近几十年来所进行的海洋环境污染监测或称海洋环境质量监测，我们这里所说的海洋环境监测主要指海洋环境质量监测。

环境监测是随着环境科学的形成和发展而出现的，并在环境分析的基础上逐步发展起来的。海洋环境监测是环境监测的分支和重要组成部分，但就其对象和目的而言，海洋环境监测与传统的海洋观测有着本质的不同。海洋环境监测的对象可分为三大类，即：①造成海洋环境污染和破坏的污染源所排放的各种污染物质或能量；②海洋环境要素的各种参数和变量；③由海洋环境污染和破坏所产生的影响。

根据其目的、对象和手段等，海洋环境监测可定义为：在设计好的时间和空间内，使用统一的、可比的采样和检测手段，提取海洋环境质量要素和陆源性入海物质资料，以阐明其时空分布、变化规律及其与海洋开发利用和保护关系之全过程。简单地说，就是用科学的方法检测代表海洋环境质量及其发展变化趋势的各种数据的全过程。

二、海洋环境监测的地位与作用

海洋环境监测是海洋环境保护的"耳目"，是海洋环境保护的重要组成部分。海洋环境保护必须依靠海洋环境监测，具体表现在如下3个方向：第一，及时、准确的海洋环境质量信息是确定海洋环境保护目标、进行海洋环境决策的重要依据，这些信息的获取要依靠监测，否则很难实现科学的目标管理。第二，海洋环境保护制度的贯彻执行要依靠环境监测，否则制度和措施将流于形式。第三，评价海洋环境保护和陆源污染治理效果必须依靠海洋环境监测，否则很难提高科学管理的水平。由此可见，海洋环境监测是海洋环境保护的重要支柱。海洋环境监测的这些重要作用决定了其在海洋环境保护事业中的基础性地位。

三、海洋环境监测的目的和基本任务

海洋环境监测的目的是及时、准确、可靠、全面地反映海洋环境质量和污染物来源的现状和发展趋势，为海洋环境保护和管理、海洋资源开发利用提供科学依据。

海洋环境检测的基本任务如下：①对海洋环境中各项要素进行经常性监测，及时、准确、系统地掌握和评价海洋环境质量状况及发展趋势；②掌握海洋环境污染物的来源及其影响范围、危害和变化趋势；③积累海洋环境本底资料，为研究和掌握海洋环境容量，实施环境污染总量控制和目标管理提供依据；④为制订及执行海洋环境法规、标准及海洋环境规划、污染综合防治对策提供数据资料；⑤开展海洋环境监测技术服务，为经济建设、环境建设和海洋资源开发利用提供科学依据。

四、海洋环境监测的分类

海洋环境监测按其手段和方式可分为三类：①对海洋生态环境各种组分（水相、沉积物相、生物相）中污染水平进行测定的化学监测。②测定海洋环境中物理量及其状态的物理监测。③利用生物对环境变化的反应信息，如群落、种群变化、生长发育异常、致畸、致突变、致癌等作为判断海洋环境污染影响手段的生物监测。

按其实施周期长短和目的性质可分为四类：

①例行监测。例行监测是在基线调查的基础上，经优化选择若干代表性测站和项目，对确定海域实施定期或不定期的常规监测。它既包括应用常规手段对一般污染指标实施的例行常规监测，也包括为特殊目的而实施的例行专项监测。例行监测是确定区域、甚至全海域环境质量状况及其发展趋势的最重要的监测方式。这类监测一般通过完整的多级监测网来实施。其实施目的一是在确定海域内，按固定频率和测站，观察和测定已知污染物指标的量值及其污染效应等的空间分布和时间的变率；二是判断环境质量变化趋向，检查控制和管理措施的效果。该类监测是海洋环境监测中的主要工作内容。

②临时性监测。临时性监测是一种短周期检测工作，其特点为机动性强，与社会服务和环境保护有着更直接的关系。它适用于以下情况：（a）当出于经济或娱乐目的对特定海域提出特殊环境保护要求时，可通过临时性监测提供环境可利用性评估；（b）对即将有新的海洋开发活动或近岸_［业活动的周边海域，通过此种短周期临时性监测，可掌握区域环境基线资料并提供环境预

评价；（c）用于监测局部海域已经受纳的额外污染物增量或局部海域海洋资源受到的意外损害程度及其原因，这种增量或损害可能来自临时性经济活动的短期影响、新经济活动的初始影响或较大型污损事件带来的滞后影响（不同于应急监测），也可能源自目前尚不清楚的原因。

③应急监测。应急监测是指在突发性海洋污染损害事件发生后，立即对事发海区的污染物性质和强度、污染作用持续时间、侵害空间范围、资源损害程度等的连续的短周期观察和测定。应急监测的主要目的，一是及时、准确地掌握和通报事件发生后的污染动态，为海洋污损事件的善后治理和恢复提供科学依据；二是为执法管理和经济索赔提供客观公正的污损评估报告。

④研究性监测。研究性监测又叫科研监测，属于高层次、高水平、技术比较复杂的具有探索性的一种监测工作。如确定污染物从污染源到受体的运动过程、鉴别新的污染物及其对海洋生物和其他物体的影响、为研制监测标准物、推广监测新技术等而进行的监测活动。

除上述分类外，还有按监测介质分类的水质监测、沉积物监测、生物（残毒）监测和界面大气监测；按监测功能和机制分类的控制性监测、趋势性监测和环境效应监测；按监测工作深度和广度划分的基线调查、生物效应监测和综合效应监测等等。

第四章　海洋环境保护的法律问题研究

地球表面有近71%的面积被海水所覆盖，可以说海洋是地球上一切生命的摇篮，是自然资源的宝库，也是全球生态环境最重要的组成部分，海洋对于人类的生存和发展至关重要，所以海洋安全关乎人类的生命安全需要法律的保护。本章主要论述海洋保护的法律问题，大致包括四个方面：首先论述海洋问题的分类与特点，海洋法律的形成与国际法体系，再论述中国海洋环境保护的法律体系以及赔偿问题，最后论述不同的相关海洋污染的法律问题。

第一节　海洋环境保护的国际法研究

一、海洋环境问题

海洋覆盖了地球表面的71%，是全球生命保障系统的一个基本组成部分，也是资源的宝库，环境的重要调节器。随着社会的发展，人类必然会越来越多地依赖海洋。

海洋不仅是地球上一切生命的发源地，而且拥有丰富的生物资源，是地球生物多样性最丰富的地区。保护海洋生物的多样性，维持海洋生态的健康与完整，对保护全球生态环境具有举足轻重的意义。海洋还蕴藏着丰富的矿物资源、药物资源和动力能源，是人类社会物质生产的重要来源和基地。海洋是重要的交通通道，国际贸易95%的货物是通过海上运输的，海洋交通运输是许多国家经济发展的生命线。海洋是国家安全的门户，在军事上具有重大的价值和意义。海洋还是一个非常复杂的巨大的生态系统，对全球水循环和大气循环有重要影响，地球上70%的再生氧的供应来自海洋，这是人类生存所不可缺少的。

总之，海洋能为人类社会的可持续发展提供广阔的发展空间，开发利用海洋是解决当前人类社会面临的人口膨胀、资源短缺、环境恶化等难题的一个重要途径，人类重返海洋已成为世界各国的共识。

由于海洋处在地球的最低处，陆地上的各种物质，包括各种污染物质，最终都将进入海洋。海洋对进入其中的物质具有巨大的稀释、扩散、氧化、还原、生物降解能力（即海洋的净化能力），可以容纳一定量的污染物而不造成海洋环境的损害和破坏。所以说海洋是全球环境最大的净化器。不过，海洋的净化能力是有一定限度的，无节制地任意向海洋倾倒废水、废物，将造成海洋环境的污染和损害。随着海洋科技的不断进步，人类开发和利用海洋活动的增多，海洋环境污染和生态破坏日益严重。如何防止海洋污染是海洋开发过程中不可忽视的严峻问题，这个问题解决不好的话，人类对海洋的无礼将得到应有的报复，因此有人将其视为一颗人类自埋的"定时炸弹"。

（一）海洋问题的分类

海洋环境问题是指由于海洋环境中出现的不利于人类生存和发展的各种现象，大致可分为两类：原生海洋环境问题和次生海洋环境问题。

原生海洋环境问题又称第一海洋环境问题，是指由于海洋的自然变化而给人类造成的有害影响和危害，比如海啸、台风等。次生海洋环境问题又称第二海洋环境问题，是指由人类活动作用于海洋并反过来对人类自身造成有害的影响和危害。最初，海洋环境资源法中的海洋环境问题主要指第二类问题，后来逐步扩大到第一类问题。原生海洋环境问题与次生海洋环境问题，往往难以截然分开，它们之间常常存在着某种程度的因果关系，有时交叉发生、协同作用。不过目前所说的海洋环境问题一般是指次生环境问题，以下提到的海洋环境问题也采用这种用法。

一般来讲，海洋环境问题大致有两种情况：

一种是污染性损害，是由于人类不适当地向环境排放污染物或其他物质、能量所造成的对环境的不利影响和危害，又称为海洋环境污染。六七十年代，海洋环境问题以污染损害为其特点，并主要表现为单项的、局部的、显性的污染。即海洋污染大多由某一种污染物引起，污染范围一般不大，且多表现为急性损害或有明显的表面特征。这类环境问题几乎都发生在发达国家工业化进入重化工发展时期，也几乎都发生在发达国家沿岸或近海海域。例如日本，由于工业迅速发展，含有各种化学毒物的工业废水大大增加，每年排放入海达130多亿吨，致使几乎所有的近岸海域，如东京湾、伊势湾、濑户内海、洞海湾等都遭到严重污染。日本列岛实际上变成了被污浊海水包围的"公害列岛"，日本成为世界上海洋污染最严重的国家之一。又如，美国每年向海洋排放的工业废物占全世界的 1/5，仅废水就达 200 多亿吨，其中含有浓度很高的氰化物、酚、砷、铅、铬及放射性物质等有毒有害物质，造成近海严重污染。沿岸 49 万公顷海滩上的贝类不能食用，海洋生物受害事件急剧增加。海洋石油的勘探与开采也带来了严重的环境问题。

另一种是开发性损害，是由于人类不适当地从海洋环境中取出或开发出某种物质所造成的对海洋环境的不利影响和危害，如滥捕海洋渔业资源，又称为海洋生态破坏。

不管是污染性损害还是开发性损害都会污染海洋环境，也会损害海洋生态。二者的主要区别在于损害海洋的方式不同，一个强调引入或引进物质，又称为投入性损害，另一个强调取出物质，又称为取出性损害。取出性损害最典型的表现是对海洋生物的过度开发。

《联合国海洋法公约》对这两种损害也有规定。公约第 1 条规定 "海洋环境的污染" 是指：人类直接或间接把物质或能量引入海洋环境，其中包括河口湾，以致造成或可能造成损害生物资源和海洋生物、危害人类健康、妨碍包括捕鱼和海洋的其他正当用途在内的各种海洋活动、损坏海水使用质量和减损环境优美等有害影响。这里强调的是 "引入"。公约在涉及有关防止海洋污染的措施时，"包括为保护和保全稀有或脆弱的生态系统，以及衰竭、受威胁或有灭绝危险的物种和其他形式的海洋生物的生存环境，而有必要的措施"（第 194 条），以及 "由于故意或偶然在海洋环境某一特定部分引进外来的或新的物种致使海洋环境可能发生重大和有害的变化的措施"（第 196 条），这里强调的是 "引进"。在一些情况下，对海洋的投入性损害或污染性损害与对海洋的取出性损害或非污染性的损害，往往交织在一起。因此，一些环境法著作、海洋法规或国际海洋环境条约，对海洋的污染性损害和对海洋的非污染性损害之间并没有严格的定义和界限。

（二）海洋环境问题的特点

当前海洋环境问题的特点主要是：

1. 海洋环境问题的跨界性。在中国向海洋排放的污染物可能会影响日本、韩国甚至美国的海洋环境，而释放到欧洲南部海域的持久｜生有机污染物（POPs）则会破坏北极生态系统。

2. 海洋环境问题具有时间上的跨度性。当时没有出现海洋环境损害的不代表以后也不会有，比如人类在海洋上的捕鱼作业，早期并没有显现有什么不良后果，但现在却出现了生物资源枯竭以至于影响整个海洋生态环境的结果。这种环境影响相对于活动的滞后性使得人们在早期没有也不可能考虑到其活动对海洋环境的影响，更谈不上采取相应的环境保护措施。

3. 海洋环境损害的累积性。一个人、一个工厂向海洋排放有毒物质可能并不影响海洋环境，但从事这种行为的人或工厂越来越多，超过了海洋自身的净化容量，就会严重损害海洋环境。另外多种物质的共同排放也会加剧对海洋环境的损害，还有可能使本身无毒害的物质由于多物质的混合而成为有毒害的物质。

4. 海洋环境问题的不可逆转性。最典型的例子是海洋生物物种的灭绝。所以当前海洋环境问题具有综合性、复杂性、广泛性、累积性、流动性、多样性和公害性等特点。它与许多领域都有关系，既是一个生态问题、地理问题、技术问题，也是一个经济问题，如果处理不好还有可能成为国际政治问题。从经济利益和经济分析的角度看，海洋环境问题主要是一个经济问题，海洋环境退化主要是各种不适当的经济活动和经济机制的产物。随着全球经济和世界贸易市场的发展，海洋环境问题的国际性越来越突出。

二、海洋环境保护国际法的形成

从国际社会第一个关于海洋环境保护的国际公约——1954 年《国际防止海洋油污染公约》的签订到现在，国际社会和各国政府海洋环境保护的意识日益增强，对海洋环境保护重要性的认识也不断提高，带来了国际海洋环境保护的法律机制的建立和逐步完善。

从早期的防止船舶运行带来的污染、油类污染到 1982 年联合国《海洋法公约》对海洋环境的保护与保全的全面规定；从事后的污染处理到注重事先预防；从单纯的防治污染到保护海洋资源；关于海洋环境保护与保全的国际公约越来越多；有关的国际组织与机构的数量与作用也在增强。

国际社会尝试通过立法来保护海洋环境的努力可以追溯到 20 世纪初。早在 1926 年根据美国的要求在华盛顿召开了一次专家会议，讨论航行水道的石油污染问题。此次会议对航行水域石油污染问题的技术事项交换意见并考虑制定一项国际协定。会议最后虽然未能达成任何实质性的协定，但却揭开了海洋环境保护的序幕。由于经济、政治等种种原因，在 20 世纪 50 年代以前，签订国际协定的努力都没有成功。

国际上第一个关于海洋环境保护的公约是 1954 年在伦敦召开的海洋油污国际会议上签订的《国际防止海洋油污染公约》，它的签订标志着海洋环境保护国际立法的开始。此后，面对海洋环境的日益恶化，国际社会在这方面的国际合作加速了保护海洋环境立法的进程。在五十多年的时间里，海洋环境保护的国际立法经历了一个从无到有、从初步产生到逐步完善的发展历程，并形成了自己的体系。归纳起来，这个发展历程大致可分为三个阶段：

（一）萌芽阶段

从 1954 年《国际防止海洋油污染公约》的签订到 1972 年人类环境会议之前。

1954 年《国际防止海洋油污染公约》签订后的十几年中，国际上没有再专门针对海洋环境保护做出新规定。1967 年 3 月 18 日发生的托利·坎永号（Torrey Canyon）油污事件，对国际社会的震动很大。各国政府和有关国际组织认识到，必须在一个国际的水平上采取更多的行动来保护海洋环境。这一事件的直接后果是 1969 年在布鲁塞尔召开会议，通过了《国际油污损害民事责任公约》和《国际干预公海油污事故公约》以及 1971 年通过的《设立国际油污损害赔偿基金的国际公约》。

这一阶段，国际社会对海洋环境保护的重要性和必要性还缺乏普遍的重视，对海洋环境的复杂性和清除污染的长期艰巨性也缺乏足够的认识，条约调整的内容主要针对污染物和事故的原因采取专门措施，多局限于控制船舶造成的油污污染，对污染的管辖权仍坚持传统的船旗国管辖。

（二）发展阶段

从 1972 年人类环境会议开始到 1982 年《联合国海洋法公约》的签署。

1972 年斯德哥尔摩人类环境会议是国际环境保护发展史上的重大事件。会议通过了《人类环境宣言》和《人类环境行动计划》，被认为是国际环境法发展的一个重要里程碑。海洋环境保护是这两个文件的重要内容之一。根据此次会议建议而成立的联合国环境规划署从 1974 年开始发起了区域海洋项目（UNEP Regional Seas Program），作为管理海洋和海岸资源以及控制海洋污染的一种区域性手段在海洋环境的保护和保全方面做出了有益的贡献。1976 年国际海事协商组织（IMCO）还成立了一个临时委员会专门主持有关海洋环境保护及污染防治的立法方面的工作。

这一时期签订的海洋环境保护条约很多，全球性的主要有：1972 年《防止倾倒废物及其他物质污染海洋公约》、1973 年《国际干预公海非油类物质污染议定书》等。此外还有大量的区域性条约：1972 年《防止船舶和航空器倾倒污染海洋的公约》、1974 年《防止陆源物质污染海洋公约》、1974 年《波罗的海海洋环境保护公约》、1976 年《保护地中海免受污染公约》、1978 年《合作防止海洋环境污染的科威特区域公约》。

这一阶段签订的条约数量急剧增加，使有关海洋环境污染控制的国际立法得到迅速发展，并且开始针对特殊生态系统采取全面的保护，最为典型的是北海和波罗的海的保护，尤其是联合国环境规划署 1974 年开始的区域海洋项目。这时期的主要特点是：条约的调整内容开始以倾废为中心，对各种来源的海洋污染进行全面控制，出现了从单一性向综合性发展的趋势；条约中的一些规则已经开始超越传统国际法，打破了传统的以船旗国管辖为主的原则；一些条约都包括了较为严格具体的执行条款，对修订程序的规定也较为灵活，使得条约更易于执行，更能适应不断变化的情势。

（三）成熟阶段

从 1982 年《联合国海洋法公约》签署到现在。

1982 年，被称之为"海洋宪章"的《联合国海洋法公约》签署，公约第 12 部分以"海洋环境的保护与保全"为标题，对海洋环境的保护作了重要的原则性规定，第一次将海洋环境的保护与整个国际海洋问题和海洋法紧密地联系在一起。公约的签署在海洋环境保护方面具有特别重要的意义。它说明国际社会经过 20 多年的探索和努力，对海洋环境已经有了更全面的认识，在海洋环境立法上已经可以就一些重要事项达成一致。公约建立了一个全球海洋环境保护的法律体系，为各国及区域的海洋环境立法提供了依据和指南。从公约的规定我们可以看到，海洋环境的保护已经从初期的单项治理发展为综合的预防和防治，从双边、多边到区域、分区域一直到全球合作，充分体现了海洋环境保护的综合性、整体性和合作性的特点。

1992 年里约热内卢环境与发展大会通过的《21 世纪议程》在第十七章"保护大洋和各种海洋，包括封闭和半封闭海以及沿海区，并保护、合理利用和开发其生物资源"中就海洋环境的保护提出了综合管理沿海区域的原则和相应的法律、技术等实施措施。《议程》在第十七章导言中指出："海洋环境（包括大洋和各种海洋以及邻接的沿海区）是一个整体，是全球生命保障系统的一个基本组成部分，也是一种有助于实现可持续发展的富贵财富。"为实现可持续发展的总体目标，《议程》的每一章都确定了各自的主要方案领域和一些具体目标。

这个阶段的海洋环境保护条约不管是全球性的还是区域性的都不胜枚举，内容也涉及海洋环境保护的各个方面，海洋环境保护的国际立法进入了一个相对成熟完善的阶段。

三、海洋环境保护国际法体系及相关国际组织

(一) 海洋环境保护国际法体系

国际海洋环境保护的法律体系是指保护和保全海洋环境的各种国际法律文件组成的、具有内在有机联系的法律制度。从法律渊源的角度来看，主要有国际条约、国际习惯、一般法律原则等，当然也包括司法判例、国际组织的决议等辅助资料。就条约的缔约方而言，有全球性、区域性和双边条约。从条约的内容来看，有像《联合国海洋法公约》这样的综合性条约，更多的则是专门性的条约，主要包括关于陆源污染防治的条约、海洋倾倒防治的条约、船舶污染防治的条约、海洋生物养护与管理的条约包括海洋生物多样性保护的条约、海洋自然与文化遗产保护的条约等（后面章节对此有详细论述）。

在海洋环境保护方面，区域海洋环境的保护是非常重要的，形成了分别适用于特殊地理区域的海洋环境保护条约体系，比如北海、波罗的海。联合国环境规划署从成立之初制定的海洋计划主要在区域海洋推行，因为在区域海洋，沿海国有着共同的利益和需求。这些区域条约可以分为两大类：一类旨在保护和保全海洋环境防止污染；另一类旨在组织有关国家在紧急情况下进行合作。

除了有法律拘束力的文件之外，如同国际环境法的其他领域，在海洋环境保护领域也有大量的没有法律拘束力的文件，这些文件可能会以方案、指南、指导、建议等不同的名称出现，往往得有关国际组织或是国际会议通过的文件，虽然没有法律拘束力，但对于海洋环境保护法的发展起了重要的推动作用，一方面它们是起草一些条约的重要参考，另一方面也成为相关国家或是国际组织行为的重要指导。

除了国际层面的法律文件外，各国从遵守和履行参加的国际条约的角度或是单纯从国内法进行规制的角度出发，还有大量的国内法层面上的法律规范。这些共同构成了当前国际海洋环境保护的法律体系。

(二) 相关国际组织

海洋环境的国际化促使人类开始寻求在全球范围内对海洋环境问题进行保护、协调和管理，保证各方在此问题上能进行有效的合作。在这个过程中，国际组织尤其是政府间国际组织发挥了重要的作用。

1. 联合国。联合国第三次海洋法会议通过的 1982 年《海洋法公约》为海洋环境保护的国际合作奠定了坚实的国际法基础。之后于 1992 年在里约热内卢召开了环境与发展大会，通过了《21 世议程》。《议程》第 17 章专门对海

洋环境保护做出了规定，为海洋环境保护的国际合作指明了方向。《议程》第 17 章在谈及加强包括区域在内的国际合作和协调问题时，指出："在执行与海洋、沿海区和大洋有关的方案领域中的战略和活动时，国家、区域、分区域和全球各级需要有效的体制安排。"

联合国秘书处法律事务司下设的海洋事务和海洋法司是处理海洋事务的主要机关，就《联合国海洋法公约》及相关的协定、一般的海洋和海洋法问题以及与海洋研究和法律制度有关的具体事项提供咨询意见、研究报告、协助和信息，负责提供海洋法律等方面的咨询服务，并为各国环境保护提供信息及技术支持，同时加强与其他组织在海洋事务方面的合作，密切关注有关公约、海洋事务和海洋法的一切事态发展，并每年就此向联合国大会提交报告。

2. 环境规划署。环境规划署是联合国环境保护的专门机构，其使命是激发、推动和促进各国及其人民在不损害子孙后代生活质量的前提下提高自身生活质量，领导并推动各国建立保护环境的伙伴关系。它的任务在于协调联合国的环境计划、帮助发展中国家实施利于环境保护的政策以及鼓励可持续发展，促进有利环境保护的措施。

环境规划署的工作范围包括地球大气层、海洋和陆上生态系统，涉及人类设施、人类健康、陆地生态系统、海洋、环境和发展、自然灾害等活动领域。在每个领域，都可以采取 3 种行动：环境评价、环境管理和支持措施。其工作方法主要是制定规划，主要分为 3 个阶段。第一阶段，收集关于环境问题和为解决问题进行努力的信息，根据这些信息，理事会每年选择特殊的主题。这些主题随后被列入行政理事会提交给下次会议的环境状况报告中。第二阶段包括制定目标和实话具体行动的策略，将环境规划提交给有关的国际组织及政府。在第三阶段，选择将受到环境基金资助的活动，优先资助能走到推动和协调作用的活动。

在海洋环境保护方面，环境规划署于 1995 年通过了《保护海洋环境免受陆源活动影响全球行动纲领》，这是一个保护海洋、港湾和沿岸水域不受陆地人类活动影响的文件。该行动计划号召各成员国制定国家和区域的行动计划。

此外，环境规划署于 1974 年就启动了区域海洋项目（UN. EP Regional Seas Programme），该项目作为管理海洋和海岸资源

3. 国际海事组织。国际海事组织是联合国专门机构，其宗旨是促进各国间的航运技术合作，鼓励各国在促进海上安全，提高船舶航行效率，防止和控制船舶对海洋污染方面采取统一的标准，处理有关法律问题。除了大会、理事会和秘书处外，国际海事组织下设 5 个专门委员会，分别为海上安全委员会、海上环境保护委员会、法律委员会、技术合作委员会、促进委员会。

国际海事组织一直把"让海洋更清洁,让航行更安全"作为其神圣的奋斗目标,体现了国际社会对海洋环境保护的重视。该组织成立以来,在海洋环境保护制度的构建及国际合作方面做出了突出的贡献,涉及的海洋环境保护领域主要是船舶污染、油污、倾倒等方面(具体后面章节会有详细介绍)。国际海事组织先后起草通过了大量的公约、议定书等法律文件,包括与此相关的一些规则和建议,极大地推动了海洋环境保护国际立法工作的前进,同时在促进国家间的海洋技术合作与援助方面也做出了巨大努力,成为一个举足轻重的海洋环境保护的国际组织。

第二节 中国海洋环境保护的法律体系

中国海洋环境保护的法律体系大体可分为同内法和参加的有关国际条约。有关海洋环境保护的国内法,从适用地域上来看,有全国和地方之分;从法律文件的类别来看,有法律、行政法规、部门规章等;从具体内容来看,有专门针对海洋环境的,也有其他立法中涉及海洋环境保护的条款。众所周知,海洋污染治理是一项复杂而广泛的系统工程,单靠某一单项专一的立法不可能调整涉及海洋污染治理的全部社会关系,需要其他的一些行政法规、地方性法规、海洋环境标准、实施细则等加以补充。

一、中央立法

《宪法》作为中国的根本大法,把环境保护作为一项国家职责和基本国策予以确认,对环境保护的指导原则和主要任务做出了规定,这就为海洋环境保护确立了基础和立法依据。中国《宪法》第 26 条规定"同家保护和改善生活环境和生态环境,防治污染和其他公害。"

在 1979 年《环境保护法(试行)》基础上通过的 1989 年《环境保护法》是我国环境保护的基本法。除《宪法》之外,《环境保护法》在海洋环境保护法律法规体系种占有重要的地位,它是制定海洋环境保护法律法规以及其他环境法律法规的基础,也是中国关于环境保护的基本立法。《环境保护法》第 3 条规定:"本法适用于中华人民共和国领域和中华人民共和国管辖的其他海域。"对于海洋环境污染造成的损害,《环境保护法》的基本原则和基本要求可依法适用。

1982 年通过的《海洋环境保护法》是直接规范保护中国海洋环境保护的

专门性法律，该法在 1999 年根据海洋环保工作实践进行了修改，对于切实保护好海洋生态环境，促进海洋合理开发利用和海洋经济持续发展具有重要意义。《海洋环境保护法》确立了保护和改善海洋环境、保护海洋资源，防治污染损害，促进经济和社会可持续发展的基本方针、为了适应发展的需要，修订后的法律在加强对污染源控制的同时，突出了对海洋污染的治理和对海洋生态环境的保护，同时对今后越来越多的海洋工程活动电提出了更高的环境保护要求。这些新措施的实施对促进海洋环境的治理和保护工作全面发展起到了重要作用，2013 年 12 月，该法又进行了个别条款的修改。

关于海洋环境保护的法律还有涉及某个具体方面的立法，如《海域使用管理法》（2001 年）、《海岛保护法》（2009 年）、《渔业法》（1986 年施行，2000 年、2004 年、2009 年、2013 年修订）、《海上交通安全法》（1983 年）、《港口法》（2003 年），等等。

二、海洋环境保护的行政法规

中国一些行政法规中就包含了海洋环境保护的法规，如《海洋石油勘探开发环境保护管理条例》（1983 年）、《海洋倾废管理条例》（1985 年施行，2011 年修订）、《防止拆船污染环境管理条例》（1988 年）、《防治陆源污染物污染损害海洋环境管理条例》（1990 年）、《防治海岸工程建设项目污染损害海洋环境管理条例》（1990 年施行，2007 年修订）、《防治海洋工程建设项目污染损害海洋环境管理条例》（2006 年）、《防治船舶污染海洋环境管理条例》（2009 年）、水生野生动物保护实施条例（1993 年）、《自然保护区管理条例》（I994 年），等等。

三、部门规章和其他规范性文件

与海洋环境保护相关的部门规章，主要有国家海洋局通过的《海洋自然保护区管理办法》（1995 年）、《海洋特别保护区管理办法》（2010 年）、《海洋石油平台弃置暂行管理办法》（2002 年）、《倾倒区管理暂行规定》（2003 年）；还有交通部通过的《船舶载运危险货物安全监督管理规定》（2003 年）、《沿海海域船舶排污设备铅封管理规定》（2007 年）、《船舶及其有关作业活动污染海洋环境防治管理规定》（2013 年），等等。

此外，中国还制定实施了一系列的标准体系，如《船舶污染物排放标准》（（JB 3552-83）、《船舶工业污染物排放标准》（CB 4286-84）、《海洋石油开发工业含油污水排放标准》（CB4914-85）、《渔业水质标准》（GB 11607-

89）、《污水综合排放标准》（CB 8978-1996）、《海水水质标准》（GB 3097-
1997）、《污水海洋处置工程综合排放标准》（CB 18486-2001）、《海洋沉积物
质量标准》（CB 18668-2002）等。为了更好地保护和利用海洋，国家海洋局
和各地政府还制订了《全国海洋功能区划》以及各地的近岸海域环境功能区
划等。

四、地方规范性文件

有关海洋环境保护的地方性法律规章主要有地方性法规、地方政府规章以
及其他地方规范性文件。从涉及保护的具体内容来讲，主要有以下几类：第一
类是直接针对海洋环境保护的，如福建、山东、浙江、江苏、天津、辽宁、河
北、青岛、厦门等省市通过的海洋环境保护条例或办法。第二类是针对海域使
用的，如山东、江苏、河北、浙江、天津、广东、辽宁、大连、海口等省市通
过的海域使用管理条例或办法。第三类是海洋自然保护区的，如广西、海南红
树林的保护区管理规定或办法等。第四类是关于海岛保护的，如宁波、厦门、
青岛、浙江等省市的此类条例或办法。第五类是关于渔业保护的，如福建、山
东、浙江、江苏、辽宁、广东等省都有渔业管理条例或办法。第六类是关于海
洋工程的，如 1999 年《广东省铺设海底电缆管道管理办法》。

五、其他部门法中关于海洋环境保护的法律规范

由于海洋环境保护是一个复杂的系统工程，单靠专门的立法不可能顾及海
洋环境的全部社会关系. 需要其他的法律法规加以规定，如《水污染防治法》
《固体废物污染环境防治法》《矿产资源法》，等等。

第三节　海洋污染损害赔偿法律问题研究

一、中国海洋污染"损害赔偿"问题

由于海洋污染行为的特殊性，使得海洋污染具有污染源多样、污染种类繁
杂、污染扩散范围大、污染持续性强和污染后果严重等特点。基于海洋污染的
特性，相较于传统的民事侵权损害赔偿而言，海洋污染损害赔偿又存在诸多问
题，比如海洋损害事实认定困难、因果关系隐蔽、赔偿主体的不明确、认定专

业技术性强等，具体如下：

1. 责任对象界定不明晰

（1）提出赔偿的主体不明确。虽然《宪法》《海洋保护法乡》《民事诉讼法》等明确规定了"国家"作为海洋环境污染损害赔偿权利人的地位，但在司法实践中，多数规定都用"有关单位""海洋行政主管部门"等作为海洋污染赔偿提出的主体，范围过于宽泛。且未被明确授权，在实际执行过程中容易走样，甚至缺位。

（2）赔偿对象不全面。海洋环境污染补偿的对象应是自然资源的所有者，国家作为海洋资源的所有者应当是赔偿对象，但除此之外，海洋沿线的居民、拥有海域开发建设的单位和个人以及渔民等，是否也应该是海洋污染赔偿的对象，值得深思。

2. 海洋生态损害难以评估

首先，国家海洋局在 2007 年发布了《海洋溢油生态损害评估技术导则》，但这一导则只是国家海洋局发布的行业标准，而不是国家标准，更不是强制性标准，是只供当事人自愿采纳，没有任何强制效力。对于事故造成的海洋生态损害评估，责任公司可能会对根据此导则评估出来的损害价值提出异议。

3. 污染源不同，损害赔偿适用的法律不同

由于海洋污染源具有多样性，对于不同污染源造成的污染，适用法律不同。比如船舶溢油造成海洋污染事故，国际上主要适用《1992 年国际油污损害民事责任公约》《2001 年国际燃油污染损害民事责任公约》和《1992 年设立国际油污损害赔偿责任基金公约》。中国是这三个国际公约的参加国，但《1992 年设立国际油污损害赔偿基金公约》目前仅适用于香港特别行政区，而不适用于中国大陆。这三个国际公约确立了国际上普遍适用的船舶溢油造成的海洋污染损害法律赔偿制度，包括：适用范围、赔偿责任主体、归责原则、赔偿责任限制、强制责任保险、赔偿基金等。

而目前，最高人民法院依照有关法律法规以及中国缔结或者参加的国际条约，结合审判实践，颁布了《最高人民法院关于审理船舶油污损害赔偿纠纷案件若干问题的规定》，自 2011 年 7 月 1 日起施行。这是中国目前解决船舶溢油损害赔偿的重要法律依据。

但针对不是船舶溢油造成的海洋污染事故，如海洋石油钻井平台溢油造成的海洋污染事故，目前国际上并没有相应的国际公约，各国的法律规定和实际做法也不一致，因而没有相应的国际惯例。对此，中国目前的主要法律依据是《海洋环境保护法》，该法规定国家海洋局和农业部代表国家分别向责任者索赔海洋生态资源损害和海洋渔业资源损害。

4. 赔偿标准欠缺、赔偿方式单一

中国并没有对海洋污染损害提出明确的赔偿标准，赔偿方式也多以现金赔偿为主，虽赔偿效率很高，但也存在不能及时、足额的缴纳或者未能真正涉及污染受害者等问题。因此在污染赔偿制度上，应在现金赔偿的基础上，引进其他更为多元的补偿方式。

二、中国海洋环境污染损害赔偿责任制度框架设计

《中华人民共和国侵权责任法》第 65 条明确规定：因污染环境造成损害的，污染者应当承担侵权责任。《联合国海洋法公约》明确规定了关于海洋环境保护的条款，并指明成员国有义务采取措施预防、减少和控制船舶污染、倾倒污染等各种类别的海洋环境污染。与其他环境污染相比，海洋环境污染自身具有污染源广、影响范围大、危害深远、控制复杂、治理难度大的特点，故海洋环境侵权行为自身具有其特殊性。笔者将从责任构成要件、归责原则、承担方式、免责抗辩等方面进行海洋环境污染损害赔偿责任制度的框架设计。

（一）海洋环境污染损害赔偿责任构成要件与归责原则

根据《<中华人民共和国侵权责任法>司法解释》的规定：环境污染责任应按照侵权责任法第七条规定的无过错责任原则确定侵权责任。海洋环境污染损害赔偿责任作为环境污染特殊侵权责任的一种，应当适用于无过错责任归责原则，即指没有过错造成他人损害的依法律规定应由与造成损害原因有关的人承担民事责任的确认责任的准则，该原则的执行，主要不是根据行为人的过错，而是基于损害的客观存在，根据行为人的活动及所管理的人或物的危险性质与所造成损害后果的因果关系，而由法律规定的特别加重责任。无过错归责原则的适用主要是为了更好地实现污染受害者求偿权最大限度地实现与海洋污染损害案件司法程序地顺利进行，进而实现保护海洋环境与公民合法权益的最终目的。海洋环境污染侵权作为使用无过错归责原则的特殊侵权行为，其构成要件应包括侵权行为、损害事实、因果关系三个方面，具体如下。

1. 侵权行为

海洋污染侵权行为指必须有污染海洋环境的行为，即人类直接或间接把物质或能量引入海洋环境，导致发生或可能发生破坏海洋环境、损害海洋生态系统、妨碍海洋资源开发以及危害人类健康的行为。

2. 损害事实

海洋环境污染损害事实，亦称污染损害后果，即行为人由于其污染海洋环境的行为给海洋环境、海洋生态系统、海洋资源以及人类健康带来了可能或已

经发生的可预期或实际的损害后果，且这种损害后果具备海洋环境污染广泛性、潜伏性、持续性以及复杂性的特点。

3. 因果关系

这里的因果关系则是指行为人实施了污染海洋环境的行为，而海洋环境污染受害者的人身或财产损害是由于这种污染行为而造成的。这种因果关系的认定可以通过优势证据学说、盖然性因果关系学说以及疫学因果关系学说加以推理与证明。这里值得注意的是，中国采用的是环境污染责任的因果关系举证责任缓和，即由污染者承担举证责任的因果关系要件，被侵权人应当首先承担因果关系具有可能性的初步证明，未证明具有存在因果关系可能性的，不得进行因果关系推定。

(二) 海洋环境污染损害赔偿责任承担方式

《中华人民共和国侵权责任法》规定：承担民事责任的方式主要有停止侵害、排除妨碍、消除危险、返还财产、恢复原状、赔偿损失、赔礼道歉、消除影响、恢复名誉《中华人民共和国环境保护法》第41条规定：造成环境污染危害的，有责任排除危害，对直接受到损害的单位或个人赔偿损失。从海洋环境污染赔偿范围的角度来看，主要包括人身损害、财产损害、精神损害等方面。在结合海洋环境污染特殊性的基础上，笔者认为海洋环境污染损害赔偿责任承担方式主要应为停止侵害、排除危害与赔偿损失三种。

1. 停止侵害

停止侵害是指加害人正在实施侵害他人财产或人身的行为的，受害人可以依法请求其停止侵害行为，这实际上是要求侵害人停止实施某种侵害行为。海洋环境污染本身具有影响范围大、危害深远的特点，无论污染者主观故意或过失，在海洋污染损害发生后，海洋环境污染受害者都有权要求侵权人立刻停止侵害行为，并针对污染及时做出有效措施以防止进一步地扩散。

2. 排除妨害

排除妨害是指海洋环境污染受害者有权直接要求或请求人民法院责令排除侵权人环境污染行为所造成或可能造成的危害，避免海洋污染危害后果的进一步扩大。这里的排除妨害不仅局限于侵权人停止污染行为，还包括侵权人应采取必要措施或建立防污设施阻止污染的进一步扩散以及对已经污染的海域及时做好治理工作。

3. 赔偿损失

海洋环境污染赔偿范围主要包括人身损害、财产损害、精神损害等方面。其中，人身损害是指因海洋环境行为而给受害人生命、身体、健康等方面带来的伤害，该赔偿损失的范围应包括必要的医疗、护理、丧葬、误工等费用；财产损失是指海洋环境污染侵权人因污染行为给受害人造成的物质利益方面的直接损失以及间接损失，包括对现有财产造成的损害以及侵权行为发生时预见或者可以预见到的可得利益，在司法实践中可根据具体情况结合国外先进做法适用实际损失赔偿原则、过失相抵原则以及公平原则，用以保护被侵权人的合法正当利益；精神损害是指因海洋环境污染而给被侵权人带来的精神方面的痛苦，包含生理、心理以及精神利益等方面。

（三）海洋环境污染损害赔偿责任免责抗辩

尽管我国法律明确规定海洋环境污染损害赔偿适用于无过错责任，但海洋环境污染侵权人仍可依法律规定提出免责抗辩用以免除其赔偿责任，具有包括以下几种。

1. 不可抗力

染损害的有关责任者免予承担责任：（一）战争；（二）不可抗拒的自然灾害；（三）负责灯塔或者其他助航设备的主管部门，在执行职责时的疏忽，或者其他过失行为。

2. 受害者自身责任

根据《国际油污损害民事责任公约》（简称《CLC1969》）及其议定书的相关规定，若船舶所有人能够证明污染损害完全或部分是由于遭受损害人有意造成损害的行为或怠慢引起的，或是由于该人的疏忽所造成，该船舶所有人即可完全或部分地免除对该人所负的责任。由此可知，因受害者自身有意损害或怠慢疏忽而引起的海洋环境污染，则排污单位可以根据具体情况减轻或免除对受害者赔偿责任。

三、中国海洋污染损害赔偿责任完善建议

自改革开放以来，随着中国进出口贸易数量的不断攀升与对海洋环境关注度的不断提高，相继颁布与实施了《海洋环境保护法》《防止船舶污染海域管理条例》《海洋石油勘探开发环境保护条例》《海洋倾废管理条例》《防治陆源污染物污染损害海洋环境管理条例》等多部法律、法规，给海洋环境保护、海洋资源开发与管理、海洋污染事故处理等提供了有效的法律依据与法律保障。C37 但由于中国海洋领域立法起步较晚、国内立法与国际公约衔接存在一定问题且缺乏海洋污染事故应急处理与赔偿工作的经验，使得中国目前海洋污染损害赔偿责任法律制度存在一定的缺陷。

1. 立法方面

（1）强化赔偿责任，提高处罚限额根据中国现行《海洋保护法》的处罚限额不难看出其对于海洋环境污染者的震慑力度与处罚力度微乎其微。笔者认为，中国可以借鉴《CLC1969》《CLC1992》、美国《1990 年石油污染法》以及加拿大《航运法》的相关规定，并结合我国实际经济状况，大幅度提高处罚限额，并规定对海洋环境污染造成重大损害的污染者将承担直接或间接污染损失的 25%甚至更高，从而强化污染者的赔偿责任，起到震慑与警示作用。

（2）扩大污染损害赔偿范围

在司法实践中，中国海洋环境污染损害赔偿责任往往适用于实际损害赔偿以及因果关系原则，这极大地局限了污染损害赔偿的范围，不利于受害者的充分受偿。笔者认为，通过对相关法律法规的修订与完善，逐步扩大污染损害赔偿范围，应包括：①既成损失的赔偿，如渔业资源损失、海洋生态环境与资源破坏、排污造成的经济损失等；②中长期损失，如天然水产品的减少、环境恢复费用及恢复期间的相关产业损失；③清污及治理费用，即用于污染治理所耗费的人力、物力等方面的费用；④调查费用，如行政部门针对污染事件的追踪检测、行政部门调查取证等费用。

（3）细化污染损害赔偿标准

目前中国海洋环境污染损害赔偿标准主要存在没有统一的国家性海洋生态评估标准以及现行法律规定的损害评估方式过于笼统两方面的问题。

故笔者认为，应在充分借鉴国外先进立法与结合我国实际国情的基础上，制定统一的国家性海洋生态损害评估标准，并对评估办法及赔偿项目等内容做出具体规定，与此同时，各省份可以在国家统一标准的基础上综合考量各省经济状况制定地方性海洋生态损害评估标准，形成自上而下的完整污染损害赔偿标准体系，进一步保障与指导司法审判工作的顺利进行。

值得注意的是，污染损害赔偿标准的制定既要包含对直接损害的评估，还应包括海洋生态环境治理与恢复措施（如海洋资源容量耗损、防治海洋污染扩大、后期海洋环境修复等）所需的合理必要费用。

2. 司法方面

（1）完善海洋环境污染公益诉讼机制

①扩大原告主体资格

目前中国法律规定的海洋环境公益诉讼主体资格范围过于狭窄，不利于公益诉讼的充分有效启动。笔者认为，中国应进一步放宽原告主体资格范围，采用双重诉讼架构模式，即国家（由海洋环境监督管理部门代表）公权诉讼与公民（共同代表诉讼或环保团体代表）私权诉讼。此外，还可以通过检察机关对国家机关行使监督权、前置审查起诉程序等方式用以解决应原告主体资格扩大而可能引发的诉讼与司法成本浪费等问题。

②保障当事人诉权

与其他侵权诉讼不同，海洋环境污染诉讼双方往往在经济实力、信息来源、取证能力等方面存在较大差距，这无形当中给予弱势者以压力，故法院在审理过程中应注意防止诉权失衡情况的出现，确保双方当事人诉讼地位的平等与诉权的充分行使。

③合理分配举证责任

举证责任分配的合理与否直接关系诉讼最终的裁判结果，故举证责任如何分配往往成为司法审判中的重难点问题。针对海洋环境公益诉讼的特殊性，笔者认为，法院在审理过程中应采用举证责任倒置原则以及原告初步证明原则，这样既有利于防治诉权失衡的情况出现，又能充分保护被侵权人的举证权利，进而帮助法院查明事实与公正裁判。

④施行公益诉讼鼓励制度

海洋环境污染公益诉讼一旦进入司法程序后，诉讼当事人则会面临着费用重、耗时长等巨大压力，故在实践过程中，公益诉讼的结果往往是不了了之。笔者认为，我国应施行公益诉讼鼓励制度用以激励起诉人进行公益诉讼，如起诉者可申请减免诉讼费用、胜诉后由国家补交或报销诉讼费用以及由法院根据案件审理结果合理分配双方当事人诉讼费用等。

（3）健全海洋污染损害强制保险制度

《中华人民共和国海洋环境保护法》第 66 条明确规定：国家完善并实施船舶油污损害民事赔偿责任制度；按照船舶油污损害赔偿责任由船东与货主共同承担风险的原则，建立船舶油污保险、油污损害赔偿基金制度。目前，中国船舶油污保险属于自愿性保险，其在实际中由于经济运营状况不佳以及对污染事故发生存在侥幸心理而往往难以推行。故国家应当在现有保险制度的基础上，结合《CLC1969》等相关公约法规的先进做法，从立法强制与实务保障两方面健全我国海洋污染损害强制保险制度，从而实现污染企业损害赔偿责任转移分担与污染受害者权利充分受偿的共赢。

第四节　不同海洋污染的法律制度研究

一、防止船舶污染的国际法

船舶污染是海洋环境的第二大污染源。来自船舶的污染包括两种：一种是船舶在正常的航行和操作中产生的污染，可以称为"排放性污染"或是"操作性污染"，如向海洋排放生活污水、垃圾、压载水、洗舱水、油类等；随着对于温室气体带来的气候变化的关注，船舶运行的减排问题也成为国际海事组织的重要议题。另一种是船舶在海上航行中发生事故造成的污染，即"事故性污染"，尤其是大型油轮或其他运输有毒有害物质的船舶发生事故时，其对邻近海域会造成严重的污染，对当地的海洋生态系统也会带来严重破坏。由于船舶源污染直接进入海洋，不用任何媒介，其污染物主要是油类物质，对海洋环境的破坏在很长时间内都难以恢复，所以国际社会最早的海洋环境保护的条约就是关于防止船舶污染的。在 20 世纪 70 年代，导致海洋环境污染的物质 35% 来自船舶，而这一比例到 20 世纪 90 年代初已经下降至 10%。这说明有关的国际环境公约在预防和控制船舶对海洋环境的污染方面是卓有成效的。

（一）1954 年《国际防止海上油污公约》

为解决船舶运行带来的油类污染问题，1954 年在伦敦召开了关于防止海洋石油污染的国际会议，会议通过了第一个防止海洋环境污染的全球性公约《防止海上油污国际公约》。公约于 1962、1969 和 1971 年经过三次修订。公约规定了禁排区，以防止油污对近海海面造成大面积污染。公约在 1962 年的修正案中扩大了禁排区的范围，1969 年的修正案取消了禁排区概念，要求船舶在任何海域不得排放，同时还要求油轮实行顶装法的排污方式，在其 1971 年修正案中要求油船设置双层底，以尽量减少油船泄油的风险。

1954 年《防止海上油污国际公约》坚持船旗国管辖原则，此公约通过时，除英国外，绝大多数并未真正吃过海域污染的苦头，对船舶造成的油污问题也没有足够的重视。公约规定的防止油污的措施难以真正实施，其在防止海洋污染中的实际效果也就非常有限。

（二）1973年《国际防止船舶造成污染公约》及其议定书

1973年《国际防止船舶造成污染公约》（简称《73防污公约》，即《MARPOL 73》）是第一个全面控制船舶造成海洋污染的全球性公约。公约扩大了1954年公约的范围，适用于包括油类在内的各种有害物质所导致的海洋污染；同时也扩大了对船舶的适用范围，包括任何非军用船舶造成的污染。具体的排污标准规定在公约的5个附件中：分别为防止油污规则、控制散装有毒液体物质污染规则、防止海上运输经包装的有害物质污染规则、防止船舶生活用水污染规则和防止船舶垃圾污染规则。

该公约自1973年签订以来，由于规定的技术要求和标准过于严格，实施技术改造的花费非常昂贵，许多国家在批准公约的问题上存在困难，到1978年批准的国家数还不够满足生效的条件。1978年在伦敦召开的会议决定采取一系列步骤和措施，修正公约及其附件。此次会议通过了修正《73防污公约》的议定书，称为《1973年国际防止船舶造成污染公约的1978年议定书》（简称《73/78防污公约》，即MARPOL 73/78）。议定书认为，在某些技术问题未得到解决之前，有必要推迟附件的实施。议定书对原公约，特别是附件1做了重大修改和补充，大大加速了议定书的生效。公约和这个议定书于1983年10月2日同时生效。

（三）1982年《联合国海洋法公约》

1982年《联合国海洋法公约》在第194条第2款（b）项规定要采取措施，在最大可能范围内尽量减少来自船只的污染，特别是为了防止意外事件和处理紧急情况，保证海上操作安全，防止故意和无意的排放，以及规定船只的设计、建造、装备、操作和人员配备的措施。第211条是针对"来自船只的污染"，规定了各国防止、减少和控制船只对海洋环境污染的义务；分别强调了船旗国、港口国和沿海国在此方面的义务；并规定了事故时，应立即通知其海岸或有关利益可能受到影响的沿海国。公约并没有直接规定具体的技术标准，而是规定了建立国际规则和标准的原则以及各国立法的权限。

二、区域海洋污染保护法

（一）《波恩协定》

区域海洋环境保护最早出现于北海。北海是世界海上交通最繁忙的地区，托利·坎永号事件发生后，北海国家首先做出了反应。1969年北海沿岸国在签订了《在处理北海油类和其他有害物质污染中进行合作的协定》（简称《波恩协定》），其目标是使受威胁的国家具备单独或共同反应能力，协定要求相互通报情况和制定干预方案，这样可以使国家做出迅速而且成本较小的反应。1983年协定修改为《在处理北海污染方面进行合作的协定》，扩大了危险物质的范围，并增加了关于资助援助行动的条款。

《波恩协定》是比较早在区域海洋保护上的国际合作，是针对海洋环境的特定方面进行单独处理的模式，还没有考虑到海洋环境的全面问题。

（二）保护北海国际会议

1984年，在不来梅召开了第一次保护北海国际会议，后来分别于1987、1990、1995、2002、2006召开了第2~6次会议。参会国有比利时、丹麦、法国、德国、荷兰、挪威、瑞典、瑞士和英国。

参加会议的国家意识到对海洋环境的损害往往是不可恢复的或是需要高昂代价和很长时间才能恢复的，因此在历次会议通过的宣言中都特别重视预防。1987年在伦敦召开的第二次北海会议第一次在国际层面上明确提出了风险预防原则，一致同意通过采取进一步及时的预防措施维持北海的环境质量，加强更密切的合作。1990年在海牙召开的第三次北海会议要求与会国应继续适用风险预防原则，采取行动以避免持久性、有毒和易于生物累积的物质的潜在损害影响，即使没有科学证据证明排放与影响之间的因果关系（序言）。海牙会议试图解决伦敦会议关于"持久性的、有毒和和易于生物累积的物质"的概念的模糊和不精确，将其界定为危险物质（hazardous substances）。1995年在丹麦埃斯堡召开的第四次北海会议呼吁与会国把使用最佳可行技术和最佳环境实践作为减少注入、排放危险物质带来的损失的指导原则。2002年在挪威卑尔根召开的第五次北海会议通过的《卑尔根宣言》几乎涵盖了海洋环境保护的所有问题，提出建立生态系统方法（Ecosystem Approach），并对生态系统方法的概念框架作了图解规定。2006年在瑞典哥德堡召开的第六次北海会议重点讨论了渔业、航运对环境的影响问题、海洋污染的规则和标准的实施问题。

第五章　海洋环境保护区的应用

海洋是人类的发源地，广袤的海洋不仅为人类提供了繁衍生息的空间，也为人类提供了赖以生存的物质基础。最实现的海洋保护就是来自海洋保护区的建设与应用。本章主要论述海洋环境保护区的应用与建设，主要论述海洋保护区的概念、种类和动能，海洋保护区的理论模型研究，和海洋保护区的建设与规划，中国海洋保护区的建设管理与数字化运用建设。

第一节　海洋保护区的概念与功能

一、海洋保护区的概念

经过数十年的发展，世界海洋保护区建设取得了令人瞩目的进展，特别是在北美、大洋洲、泛加勒比海和东亚地区发展很快。由于各地对海洋保护区认识和发展思路的不同，多数国家沿用陆地保护区的概念和理论来发展各自的海洋保护区体系，造成海洋保护区在概念、定义、保护目的和管理内容上存在巨大差别。海洋保护区具有各种不同的定义，有些定义将其看作是纯粹的水域保护区，也有些包括一定陆地区域的海岸带保护区；有些是严格的海洋自然保护区，也有些是不同类型的海洋管理区。

为了指导各国海洋保护区的建设，国际自然保护联盟（IUCN）将海洋保护区定义为："任何通过法律程序或其他有效方式建立的，对其中部分或全部环境进行封闭保护的潮间带或潮下带陆架区域，包括其上覆水体及相关的动植物群落、历史及文化属性"（IUCN，1994）。该定义涵盖内容相对宽泛，凡是符合国际自然保护联盟保护区目标的各种类型和规模的海洋保护区都包括在内。

1988 年，在哥斯达黎加举行的国际自然保护联盟（WCN）第 17 届全会决议案中，明确了海洋保护区的目标在于："通过创建全球海洋保护区代表系统，并依据世界自然保护的战略原则，通过对利用和影响海洋环境的人类活动进行管理，来提供长期的保护、恢复、明智地利用、理解和享受世界海洋遗产"。

在实践中，沿海各国根据国际自然保护联盟的定义，并结合各自的实际情况，采用了不同的海洋保护区定义。如澳大利亚在《建立国家海洋保护区代表系统指南》中采用的是国际自然保护联盟定义的"专门用于保护和维持生物多样性、自然及相关文化资源，并通过法律或其他有效方式进行管理的陆地和/或海洋区域（包括陆地、海床和水下底土）"（Environment Australia, 2003）；新西兰则在其《海洋保护区政策和实施计划》中强调对海洋生物多样性的保护，将海洋保护区定义为"通过全面保护，特别用来在生境和生态系统层次上维持和恢复生物多样性功能健康的海域"（DCMF, 2005）；美国在有关海洋保护区的总统令中将海洋保护区定义为："由联邦、州、地方或部落法律法规所划定的，持续保护其部分或全部自然及文化资源的任何海洋区域。"而在2001年的美国国家研究委员会报告中，海洋保护区则被定义为："为了特定的保护目的，用于加强海洋资源管理的一种前景广阔的，并作为生态系统管理方法的有机组成部分来对海洋生物资源进行保护的涉海区域"（NRC, 2001）。

二、海洋保护区的分类

世界各地的海洋保护区类型多种多样，其分类标准各有不同，可按照保护区的主要保护目的、保护水平、保护地位、保护时限及保护的生态尺度等简单分为不同的类别，对不同需求的海洋保护区进行管理和保护。

1. 国际保护联盟海洋保护区分类

为了规范和统一世界各地陆地及海洋保护区分类和划分标准，国际自然保护联盟（IUCN）国家公园和保护区委员会（CNPPA）于1978年发布了《保护区分类、目的和标准》报告，将保护区分为10大类。到1994年又对原分类标准进行了修订，将保护区按照管理目的和管理内容的差异重新划分为6大类，包括：

（1）严格的保护区（Strict Protection Area）；

（2）严格的自然保留区（Strict Nature Reserve）；

（3）原生荒野地（Wilderness Area）；

（4）国家公园（National Park）；

（5）自然纪念地（Natural Monument）；

（6）生境/物种管理区（Habitat/Species Management Area）；

（7）陆地景观/海洋景观保护区（Protected Landscape/Seascape）；

（8）资源管理保护区（Managed Resource Protected Area）。

尽管国际自然保护联盟的保护区分类标准和规范主要是基于陆地保护区做出的，但同样适用于海洋保护区，从中不难看出：保护区的目的除了自然、文化和历史遗产保护外，还包括游憩、教育和科研功能。除了一类保护区外，其他类型的保护区都可以进行不同程度的游憩和其他海洋资源开发活动，但前提是不影响保护区的生态功能和保护价值。特别是重点类保护区，游憩活动是其主要管理目的之一，可以大规模地开展生态旅游活动，适度开展可再生资源的开发活动，形成保护区产业链。

现阶段，世界大多数海洋保护区允许公众进入，并进行游憩娱乐和适度的捕捞活动。按照国际自然保护联盟的分类，海岸带开发强度大的国家，如欧洲、日本、韩国等国的海洋保护区以陆地景彬海洋景观保护区和自然纪念地为主，旅游产业发达；而海岸线相对原始，多数地区自然景观保存相对完好的美国、加拿大、澳大利亚、南非、加勒比海等一些国家和地区的海洋保护区多为国家公园和生境/物种保护区，兼顾保护和开发，旅游和捕捞等有条件发展；而严格的海洋保护区相对较少，资源保护管理区则主要为大型渔业保护区。

2. 海洋保护区类型

海洋保护区类型多样，既包括小型严格的自然保护区，也包括大型的海洋公园和海洋管理区。按照保护程度的差异，海洋保护区可分为严格的海洋保护区（如海洋保留区）和综合的海洋保护区（如海洋管理区、国家海洋公园、海洋庇护区等）两大类。在严格的海洋保护区中，任何资源的开采性活动，包括生物资源、化石或矿产资源都是被禁止的，另外任何破坏生境的活动也是不允许的。一般这类区域被称为严格的海洋保护区。而在综合的海洋保护区中，按照分区管理的原则，在不影响分区管理目标的前提下，可以进行一些适宜的生产开发和娱乐活动。

尽管海洋保护区作为一种有效的海洋保护工具已被广泛接受，但大多数允许对一些自然资源进行开发活动，真正意义上的严格的海洋保护区很少，通常是作为一个大型海洋保护区内的核心区而存在，且用在渔业管理上还存在争议。在英属哥伦比亚，只有0.01%的海岸带生境作为严格的保护区进行保护；在美国领水中只有0.001%的区域禁止所有捕捞活动；在英国，除了很少几个靠近海军基地的小型禁捕区外，没有严格的海洋保护区。

第二节　海洋保护区的理论模型研究

海洋保护区理论模型发展与生态学的研究进展密切相关，最早的保护区理论模型建立在岛屿生物地理学的均衡理论基础上，对处在类似生境孤岛中的保护区的物种定居和灭绝进行理论研究。保护区早期的理论研究主要集中在生物个体、种群及群落等系统内部的动态变化，以及与外部的生态学联系方面，其基本理论基础是种群动态变化理论（包括单物种和多物种种群动态变化模型和剩余产量模型等）和群落生态学理论，特别是对于水生生物资源来说，单物种种群动态变化模型是此类保护区的基本理论模型。但随着人们对生态系统中的物理环境给予更多的关注，生态学的研究重点开始从生物学属性向生态系统的空间结构转移，空间生态学研究成为保护区理论研究的热点。目前，有关保护区的空间生态学理论研究主要包括三方面，一是集合种群研究，将一定空间范围内的多个种群看作是一个整体进行研究；二是空间模型研究，对种群的空间分布结构及其相互之间的作用进行数学模拟；三是景观生态学研究，将地理学观点纳入生态学研究，探求不同空间尺度上物理环境差异对生物种群产生的影响。最终，结合生物学属性及其自然物理环境特征的生态系统综合模型将成为保护区理论研究的发展未来。此外，除了生态学研究外，经济效益分析也是保护区理论研究的重要内容之一，将经济学分析纳入生态学模型中形成的生物经济学理论已经成为保护区理论模型研究的重要分支，经济学与生态学理论的结合将更有利于理解和推动保护区的成功实施和发展已经相对成熟的陆地保护区理论相比，海洋保护区理论研究仍处在发展初期，尽管一些渔业保护区部分建立在种群动态和多物种交互作用理论基础上，但很多理念和概念还主要借鉴陆地保护区理论。

第二篇海洋保护区理论与发展 125 种群的天然生产力支撑着世界海产品的供给，使得海洋保护区和陆地保护区理论在很多方面又存在根本性的差异，如种群的补充与恢复、保护区边界的界定与划分等。陆地保护区模型通常建立在岛屿生物地理学理论基础上，并倾向于将保护重点放在对保护区内物种和生境多样性的保护上，而对保护区周边地区的保护和管理并不重视；而与此相对照，海洋保护区则更多地集中在对单物种及其关键生境的保护上，强调在人类开发影响下的种群动态变化，忽视多物种的动态变化和生物地理学类型分布，并且关注周边地区种群变化对保护区内种群恢复的影响。

此外，由于海水流动性所造成的边界模糊性，很难将海洋保护区的边界状况与当地的海洋生态过程，以及保护区对这些生态过程的影响区别开来。与陆地相比，海洋生态系统具有难以分辨的边界和特有的限制生物群落生存的空间分层。人们不可能将海洋生物及其关键生态过程通过保护区"圈起来"，也不可能将陆源污染、海水动力变化以及邻近海域生态破坏所造成的海洋环境质量退化排除在外，海洋及海岸带生态系统中所特有的长距离扩散属性与关键生境之间的广泛联系性需要对其所有成分进行综合考虑，而不仅仅是海洋保护区内部。因此，除了渔业种群动态变化理论和剩余产量理论之外，结合经济学分析的空间生态学理论可能更适用于海洋保护区的理论模型研究。

一、岛屿生物地理学模型

岛屿生物地理学模型是陆地保护区的重要理论基础之一，最早源自MacArthur 与 Wilen（1967）开创的岛屿地理学。其基本模型可表述为 $S = KA^Z$。其中，S 代表物种数量，A 表示面积，K 和 Z 均为常数。该模型认为岛屿生物物种的丰度与岛屿的面积大小和距离大陆及其他岛屿的远近有关，面积越大，距离大陆和其他岛屿越近，物种丰度越高，物种灭绝的可能性就越小。很多自然保护区由于受到人类活动的影响，已经或正在成为生境岛屿，而岛屿生物地理学理论可以为研究保护区内物种数目的变化和保护目标物种的种群动态变化提供重要的理论依据，因此从 20 世纪 70 年代开始，人们将岛屿理论应用于陆地保护区研究领域，将斑块状的陆地保护区也看作是某种形式的岛屿，并将岛屿生物地理学模型应用于保护区设计。

自 1975 年岛屿生物地理学均衡理论应用于自然保护区设计开始，保护区设计的焦点从对特定物种的重点关注转移到对整个群落或生态系统的保全。但由于这种设计理念太简单，难以有效地指导保护区的设计与管理，因此在其实用性上存在很大争议，在保护区的形状和距离对保护区效益的影响上有很多不同的看法。有关一个大型保护区好，还是多个小型保护区更好的问题也没有形成统一的意见，但多数意见倾向于多个小型保护区构成的保护区网络更胜一筹。特别是在目前地球上大部分生境加速碎片化和追求经济发展的大环境中，将保护重点放在群落或生态系统层次上，建立相互连通的小型保护区网络更具现实意义，这一点对于海洋保护区的设计与选择同样适用。

二、景观生态学模型

目前最常见的陆地保护区理论模型是群、落/生态系统模型，该模型由一个核心区、数个维持不同类型与层次人类活动的缓冲区以及各种廊道、跳板与其他类型的联系组成，共同来维护集合种群的持续性，而景观生态学模型则是运用地理学观点，从不同空间尺度的物理环境影响上对群落/生态系统模型进行新的诠释。

野生生物生活在特定的景观之中，与自然环境的空间结构有着密切的关系。景观多样性是景观水平上生物组成多样化程度的表征。在较大的时空尺度上，景观多样性构成了其他层次生物多样性的背景，并制约着这些层次生物多样性的时空格局及变化过程。景观多样性包括斑块多样性、类型多样性和格局多样性。其中类型多样性最为重要，它是景观异质性的量度，决定了景观空间割据和斑块的多样性。景观中斑块的数量决定了景观破碎化的程度，与生物多样性保护密切相关。对于保护区设计而言，斑块的代表性和连通性具有重要意义。

按照景观生态学原理，Forman（1995）提出了内紧外松格局（aggregate with outlier pattern）和必要格局（indispensable pattern），认为自然保护区的最佳形状应为一个大的核心区再加上弯曲的边界和狭长的裂开形延伸，其延伸方向与周围生态流的方向一致。其中，中心部位的紧凑或圆形区块有利于保护内部资源，而弯曲的边界有利于多栖息地的物种生存和逃避捕食；狭长的裂开形延伸有利于区块内物种灭绝后再定居，或物种向其他斑块的扩散过程。

在国内，俞孔坚（1995）则提出了景观生态安全格局，认为不论景观是均相还是异相，其中都存在着某种潜在的安全格局，这些由景观中关键性的局部、点及位置关系所构成的景观生态安全格局对维护和控制景观中的某些生态过程起着关键性作用。景观生态安全格局的识别，首先是确定源，其次是建立阻力面，并根据阻力面来判断安全格局，并在安全格局的基础上进行保护区设计。

建立在景观生态学基础上的自然保护区设计主要原则包括：（1）建立绝对保护的栖息地核心区；（2）建立缓冲区以减少外围人为活动对核心区的干扰；（3）在栖息地之间建立廊道；（4）适当增加景观异质性；（5）在关键性部位引入或恢复乡土景观斑块；（6）建立物种运动的跳板，以连接破碎的生境斑块；（7）改造生境斑块之间的质地，减少景观硬性边界频度以减少生物穿越边界的阻力。

该理论模型尽管建立在陆地保护区基础上，但对海洋保护区的建设也具有一定的借鉴意义，如建立绝对保护的栖息地核心区，以及减少硬性边界的频度等都对海洋保护区内的幼体扩散及成体溢出等基本生态学属性的维持具有重要意义。

三、种群动态模型

种群动态模型是群落/生态系统模型的基础；其关注对象主要是单物种种群的动态变化特征，这符合传统的渔业管理理念，也是目前海洋保护区理论研究的主要内容。在现代渔业管理科学中，渔业种群动态模型研究始于 20 世纪 50 年代，是建立在渔业种群动态变化基础上，以生长、死亡及补充等种群生物学特征为评估基础的海洋生物资源管理工具。但该模型应用于海洋保护区理论研究还是 20 世纪 90 年代以后的事情，在这之前还没有专门针对海洋保护区的理论模型研究。最早有关海洋保护区对种群影响的理论研究是 Beverton&Holt（1957）利用单位补充群体产量模型对禁捕的渔业效益进行评估，以后出现的很多相关模型都建立在该模型的研究基础上，如 Polacheck（1990）和 De Martini（1993）对海洋保护区渔业效益的理论研究。此外，还有一些海洋保护区理论研究建立在 Ricker（1958）提出的指数产量模型基础上，对不同生命史属性和捕捞压力对海洋保护区渔业及生态保护效益的影响评估。现有的海洋保护区种群动态模型研究大部分用来模拟海洋保护区的渔业效益，但也有部分研究可以应用于海洋保护区设计。

鉴于海洋生态系统中物种相互作用的复杂性，为了易于理解和便于操作，现有的大多数海洋保护区模型为单物种种群动态模型，多物种种群动态模型或生态系统模型在海洋保护区理论研究中很少见，只有 Walters 等人（1997）将生态通道模型应用到渔业保护区研究中，按照物种之间的营养交互作用对保护区建立后的生物量空间分布变化进行了模拟，但效果并不理想。现有典型的渔业保护区种群动态研究模型包括两大类。一种是建立在珊瑚礁渔业基础上，通常由保护区和捕捞区两个模拟种群组成，成体定居并分享同一个幼体库。两个种群的卵和幼体进入共享的幼体库，并均匀地按面积大小平均地分布在保护区和捕捞区内。此类模型通常包括多个鱼群，并在给定的自然和捕捞死亡率下进行重复模拟直到达到平衡。另外一种则更多地建立在温带水域，其理论基础是组随时间变化的单位补充产量分析或剩余产量模型。该模型同样建立在保护区和捕捞区两个种群基础上，但允许成体以假定的迁移率在保护区和捕捞区之间进行迁移。

目前，建立在种群动态模型基础上的海洋保护区模型研究依据其假设条件和模型参数的不同具有很大的差异。如有些模型研究包括了上述两种方法的成分，而另外一些则进行了一些细微改进，包括多种群、集合种群以及经济效益最大化等，但基本理论基础是类似的。Gerber 等（2003）以模型的生物学属性为标准对现有的海洋保护区模型进行了归类，包括单物种模型与多物种模型；全生命史模型与种群年龄组模型；扩散模型与当地补充模型；扩散前密度决定模型与扩散后密度决定模型；无结构模型与年龄/体长组结构模型；成体溢出模型与成体滞留模型；确定性模型（Deterministic Model）与随机变化模型（Stochastic Dynamics Model）以及永久性保护区模型与轮替性保护区模型等。

（一）单物种种群动态模型

由于渔业种群受到捕捞物种自然生长、死亡、补充过程及捕捞活动的影响，其种群时刻处在动态变化中。当种群资源处于平衡状态时，即补充量、生长率和死亡率都保持不变时，整个种群所贡献的渔获量等于单一补充群体一生所提供的渔获量，捕捞死亡率及补充群体数量直接影响着渔获量的变化。为了准确评估渔业种群的渔获量，Beverton&Holt（1957）提出了单位补充产量模型，对因不可捕捞海域存在所产生的北海鱼类捕捞死亡率的空间变化效应进行了研究，从而引发了他们对海洋保护区作为一种渔业管理工具的思考。

在单物种种群动态模型中，无论是 Beverton&Holt 的单位补充产量模型，还是 Ricker 的指数产量模型，在对保护区条件下的渔业种群进行评估时都面临下列很多难以克服的问题，这些问题在某种程度上影响了单物种种群动态模型在海洋保护区理论研究中的可信度和准确性。

（1）为了进行准确的种群变化预测，对复杂的自然生态系统进行全面数学模拟的困难。

（2）对大多数自然和人类系统的很多方面还不理解。

（3）缺乏描述和模拟自然系统所需要的数据以及数据的不准确性。

（4）利用单物种模型和方法来处理多物种、多维生态系统问题的困难。

（5）缺乏充分的基线标准来检验科学假设。

（6）系统中存在多种不确定性和时滞问题。

（二）集合种群模型

集合种群（Metapopulation）是一组通过个体迁移相互连接的地方种群的集合，这些地方种群通常生活在隔离的生境斑块中，其隔离程度取决于斑块之间的距离。而集合种群模型将这些地方种群看作是一个整体，其理论基础是定居—灭绝均衡理论。MacArthur&Wilson（1967）提出的岛屿生物地理学均衡理论是最早的集合种群模型之一，该模型假定岛屿上生物物种的数量取决于物种灭绝与外来物种定居之间的均衡，并不考虑内部的种群动态变化。

研究结果显示，海洋保护区的建立对于集合种群的可持续开发具有显著效果，保护区可以通过为过度捕捞的斑块提供补充源来弥补渔业开发的影响，预防地方性灭绝。当所有斑块的一半左右被补充个体所占据时，其产量和复合种群丰度达到最大；如果达不到，则需要增加海洋保护区的面积。

除了考虑捕捞所带来的灭绝效应外，近年来出现的有关海洋保护区的集合种群模型研究多结合经济学的成本效益分析进行，也可以归为生物经济学模型一类（详见生物经济学模型），而单纯的集合种群生物学模型研究比较少见。如考虑幼体扩散属性和成体迁移的集合种群生物经济学模型，也有少数几项研究将成体溢出和幼体扩散整合在一个集合种群生物经济学模型中进行分析。

四、生物经济学模型

生物经济学模型是种群动态变化模型与经济学成本效益优化模型的有机结合，其优化策略既要考虑生物学产量的最大化，也要考虑经济收益的最大化，是建立在生物学模型基础上的经济收入最大化模型。生物经济学模型除了需要考虑一些种群变化的关键生物学过程外，如海洋保护区与捕捞区之间的个体迁移率和物质通量，还要考虑海洋保护区对渔民行为的影响以及自然环境变化对保护区和捕捞种群的影响。

直到20世纪90年代中期，尽管海洋保护区数量快速增加，有关海洋保护区的生物学研究也进入了快速发展阶段，但有关海洋保护区的经济学研究却很少，部分原因是研究的难度，特别是海洋保护区非市场价值的确定。1995年，Hoagland等对1980—1995年间有关海洋保护区净效益评估的62项相关研究进行了综合分析，发现其中只有18项根据实证研究做出了经济效益评估，只有2项研究同时进行了市场和非市场价值的评价。有的学者认为现有的海洋保护区经济研究主要趋向于两个方向：一是决定海洋保护区经济价值的成本效益分析，主要考虑非消耗性开发活动，如娱乐机会增加的可能性，这种价值主要通过条件价值法、享乐定价法和旅行成本法等常见的非市场价值评估方法来进行；二是生物经济学分析，目的在于分离海洋保护区作为一种管理工具的有用性来支持和增强可持续管理。

第三节　海洋保护区的具体设计与规划

一、海洋保护区的设计与规划简介

要想满足不同物种的保护需要，海洋保护区设计与规划过程就需要满足以下几点：首先是在一个生物地理区内划分出具有不同生境类型的代表区；其次是建立面积足够大，相互之间存在联系且可以自我维持的海洋保护区网络体系；最后是确保所有生境类型都在海洋保护区网络体系中有所体现，并作为缓冲区来预防自然环境变化和社会经济发展压力。其中各海洋保护区之间的连通性是保证海洋生物多样性保护定位的关键，它可以防止海洋保护区内种群的基因隔离，有利于物种生命史早期阶段的扩散与定居，确保海洋保护区网络内生命过程的连续性。现有的大多数海洋保护区设计与规划更多地取决于社会标准和机会主义，而非科学研究。生境质量、保护区周边的开发强度、其他保护区的面积和距离、保护物种的生命史和扩散特征以及边界都影响海洋保护区的效能。如对于相对定居性的物种，准确的海洋保护区选址对于保护区效能的影响似乎相对较低；但对于迁移性物种，需要更准确的保护区选址来覆盖其迁移瓶颈和育幼场以实现其保护效益。不同的保护目的对于海洋保护区的设计与规划具有明显不同的影响，保护目标单一的海洋保护区对于海洋保护区的大小、地点及形状等要求不高，其设计与规划起来就相对简单；而对于具有多重目标的海洋保护区设计，特别是涉及渔民及当地社区的经济利益的海洋保护区地点及大小选择时就相对复杂一些，需要综合考虑多方面因素，既包括生态环境因素，也包括社会经济因素，将海洋保护区的设计与规划过程纳入当地的海洋综合管理规划中。

二、海洋保护区的设计与规划原则

海洋保护区设计与规划的目的在于建立一个保护体系，来持续地维持和保全海洋生态多样性，使子孙后代能永续共享海洋的恩赐。从持续共享的角度出发，海洋保护区设计与规划的战略原则考虑如下。

（一）代表性原则

一个海洋保护区体系要具有综合性，能充分代表一个地区海洋生态系统的属性特征，即各种不同的海洋生物地理属性和区域都要在海洋保护区体系中有所体现，不管其目前的功能状态如何，都要纳入海洋保护区设计与规划体系，以确保其功能与结构的维持。此外，海洋保护区在设计与规划过程中还必须在适当的区域尺度上考虑可重复性，以提供准确的生物学和社会学监测信息来进行绩效评估。

（二）目标最大化原则

海洋保护区的设计与规划既要考虑海洋生物多样性保护与海洋生态系统结构与功能的维持，也要考虑经济效益，维持海洋资源的社会经济效用，特别是渔业效益。在可持续发展条件下，适度地开展各种非破坏性资源开发活动，如提供海上娱乐、旅游及观赏机会，以确保海洋资源与环境的效益最大化目标，并最大限度地减少外来威胁的破坏效应。

（三）公众参与原则

海洋保护区的设计与规划要有长远的眼光，要明确公众的权利，将一般公众利益放在地方和部门利益之上。这不仅包括当代人或既得利益集团的权利，也包括后代人或广大公众的权利。作为海洋环境及资源的共同拥有者，其规划与管理离不开公众的参与，社区教育与公众参与是确保海洋保护区成功的重要因素。海洋保护不仅是管理者的责任，也是广大公众的责任，因为其最终保护的好坏切实关系到全体人类的福祉，必须要调动全社会的积极性才能确保海洋保护区的顺利实施。

（四）预防性及适应性原则

由于海洋生态系统的复杂性和人类开发活动的不可避免性，再加上人类相关海洋知识的缺乏，海洋保护区的设计与规划不存在一个为大家所普遍认可的、一成不变的规则或标准来规范海洋保护区的设计与规划。现有的经验显示，一个成功的海洋保护区设计与规划必须要结合当地实际，包括自然环境、经济压力与社会管理等各方面因素。要综合权衡各方面因素，全面考虑人类利用、自然环境、外部压力与风险评估之间的交互作用，尽可能地将不确定性及风险性降至最低。在设计与规划过程中，要充分考虑到各种内部压力和外来影响，不但要照顾到海洋生态系统的保护需要，也要顾全社会与经济发展需求，采取各种预防手段以及适应性措施来确保海洋保护区设计与规划的有效性和成功潜力。

第四节　中国海洋保护区的建设与管理

一、中国海洋保护区的建设的现状与不足

　　设立海洋保护区被认为是最行之有效的海洋生物多样性保护方式。通过禁止或控制捕鱼、污染以及其他人类活动，海洋保护区内的海洋生物多样性可以得到迅速的恢复和提升，这可以通过对众多国家和地区海洋保护区的实证研究得以证明。据统计，中国已建成各类海洋保护区 170 多处，其中国家级海洋自然保护区 32 处，地方级海洋自然保护区 110 多处；海洋特别保护区 40 余处，其中国家级 17 处，合计约占中国海域面积的 1.2%。不过值得警惕的是，目前中国海洋生态继续恶化，海洋及海岸带物种及其栖息地不断丧失，海洋渔业资源减少，显示出目前的海洋保护区建设还有很大不足，还未能充分担当和实现海洋生态恢复和生物多样性保护的重任。

　　目前海洋保护区建设的不足，在很大程度上是制度建设上的不足：

　　1. 表现在选址规划上。现行海洋保护区建设主要集中在沿大陆海岸和近海一带，但是远海与深海区包括南海海域在内的海洋保护区建设与规划均远远不够。海洋是相通的，远海及深海区的海洋生物多样性的丧失也会影响到近海的生态保护，最终仍会导致整个海洋生态环境和生态系统的丧失。而从我国的实际情况来看，中国的远海以及深海区均是生物资源丰富的区域，对其生态破坏最主要的因素是渔业捕捞，因此在这些区域内反而可以更容易通过海洋保护区建设来实现海洋生物多样性保护的目标。由于中国管辖范围内的远海及深海区主要是沿海专属经济区以及南海诸群岛水域，因此能否以及如何在中国南海和专属经济区内进行海洋保护区建设是一个值得探讨的问题。

　　2. 从功能定位上来看，中国海洋保护区的功能定位不够明晰，功能分类不够合理，从而导致保护手段上的错乱和保护效果上的不足。例如，海洋自然保护区本应禁止一切开发和利用活动，但是依照《海洋自然保护区管理办法》，海洋自然保护区又被划为核心区、缓冲区、实验区，或者绝对保护期和相对保护期，在实验区以及相对保护期内可以进行适度开发活动。海洋特别保护区分为海洋特殊地理条件保护区、海洋生态保护区、海洋公园、海洋资源保护区四种类型，但是这四种类型中实际上既包括海洋生物资源的保护区，又包括非海洋生物资源保护区，二者作为性质完全不同的保护对象，理应在保护手

段、保护措施上也应有所区别，但是《海洋特别保护区管理办法》实际上采取了同等的保护水准和手段措施。因此，功能定位的不准确，必然会导致海洋保护区的保护效果大打折扣。

3. 在保护区的治理模式上，中国海洋保护区实行单纯的政府管制型模式，疏于对当地群众以及相关利益者的利益考量，没有照顾到当地农民的权益以及地方经济发展的需要，长此以往造成恶性循环。而且，政府实行的自上而下的"圈地式保护"风格，也导致政府、保护区机构与当地社区关系紧张，保护区建设和实施得不到群众的支持，这使得许多海洋保护区的建设举步维艰。由此不仅使得海洋保护区的保护效果不够理想，也使得执行的成本太高，自然不利于对海洋生物多样性的保护。

尽管中国海洋保护区制度还存在其他不足，但是这三项缺陷是全局性的、根本性的，因此值得重点研究、探讨和解决。

二、中国海洋保护区的管理策略

要促进我国海洋保护区的发展，应学习与借鉴国际管理经验，从国家、沿海省份、海洋保护区和地方社区四个层次进行管理：

1. 在国家层面上，海洋保护区建设最主要的问题是多头管理以及陆地海洋环境保护法律体系的不协调，即管理机构执行力和稳定性不足，地方和国家目标不匹配。国家层面上，需要一个经过充分研究制定的海洋保护区系统规划，列出国家级必须保护的海域和海洋生物，协调多头管理，对国家级海洋保护区要立法确立。同时，对管理任务较重的地区加大财政补助力度，支持相关院校发展海洋保护专业，提高地方政府积极性，完善海洋保护体系建立和法制建设。目前我国针对海洋保护区的规章法规在法律层级上较低，建议在更高级别的法律中对海洋保护区进行考虑，如长期以来酝酿的"中国自然保护区法"中应对海洋保护区予以充分的重视。

2. 沿海省份是海洋的直接使用者和受益者，同时也是肩负重任的一线管理者。沿海省份应配合国家系统落实本省辖区的国家级海洋保护区，也可以建立省级海洋保护区，并就特殊保护目标申请上升为国家级保护区。协调省内各利益相关者的保护和开发行为。此外，滨海旅游、自然休憩体验、海洋科教科普、休闲海钓渔业等第三产业的发展可极大地促进沿海省份经济发展，又可提高公众对于海洋生态系统的认识和对海洋保护区建设的支持力度。在未来的发展中，沿海省份应推动国家海洋公园建设，同时加强海洋管控，降低陆源污染对海洋保护区的影响。

3. 在海洋保护区层面，做好保护区管理规划和日常管理工作，执行上级指示。此外，组织社区参与是海洋保护区正常运行管理的基础，有条件的海洋保护区可在部门的指导和监督下，划出部分面积发展旅游等产业。另外，保护区管理还需要适当的配备专业人才，以保证管理机构的专业性，可与高等院校、研究机构联合，加强对海洋环境保护专业人才的培养，向海洋保护区输送具有环保、管理等专业技能的人才。

4. 基层社区自发的海洋管理是降低海洋保护区建设成本，增加保护效率的重要途径。在我国福建省等东南沿海地区的渔民，社区形式的保护通常以宗教民俗等形式呈现，具备一定社会基础。在未来，地方社区可通过文化遗产保护、地域风俗传承等方式，与各海洋保护区对接，增加中小学海洋文化教育，培养地方性人才直接参与管理实践。

第五节　中国海洋保护区数字化运用及发展

海洋保护区数字化建设涉及多种类型的地理空间数据和属性数据，如：遥感数据、GPS 数据、基础地理数据、各种空间分布等空间数据和气候统计数据、社会经济统计数据、资源统计数据等属性数据。通过 GIS 对海洋保护区进行动态监测、动态数据更新和环境时空分析，就需要综合运用上述多种数据，空间信息集成技术是其中的关键技术，而重点是从保护区数据的空间化集成技术、空间信息融合（Spatial Information Fusion）技术、空间数据挖掘（Spatial Data Mining）和知识发现技术等方面进行研究。

保护区数据空间化集成是海洋保护区信息系统建设的基础和关键，只有将保护区有关基础数据、专业数据、特有数据进行空间化改造，实现其空间化表达后，才能与空间地理数据进行集成，为建立海洋保护区管理信息系统提供有效的数据管理和分析基础。

空间信息融合是指多种空间数据经融合后，产生一种新的综合数据，不再保留原来数据的特征。在理论上空间信息融合不外乎互补信息和协同信息的融合，所以在海洋保护区信息系统中的信息融合有多源遥感数据的融合、空间数据与非空间数据的融合等。如利用即时遥感数据和原有空间数据对保护区海岸线、泥沙分布、土地利用和植被分布等的动态变化进行监测，遥感数据和调查统计数据相结合研究保护区海域的流场、风场和温度场等。

空间数据挖掘，又称从空间数据库中发现知识，是指从空间数据库中提取用户感兴趣的空间模式与特征、空间与非空间数据的普遍关系及其他一些隐含在数据库中的普遍的数据特征，通常包括空间分布规律、空间关联规则、空间聚类规则、空间特征规则、空间区分规则和空间演变规则等。如在海洋保护区信息系统中，开展岸线的类型、曲折性和复杂性与海洋生物分布的相关性研究，基于历史调查和生物调查数据对海洋保护生物分布及其时空变化规律的研究等。

下篇：海洋资源开发

党的十九大报告和十三届人大第一次会议的政府工作报告都提出"实施海洋资源开发"，这是党中央、国务院重要的战略部署，是在新时期推动我国海洋事业大发展的重要战略决策，具有深远的历史意义和重要的现实意义。认真学习贯彻党中央提出的"实施海洋资源开发"的战略部署，是我们今后一个时期工作的中心和重点。"实施海洋资源开发"的战略，将极大地鼓舞海洋战线广大干部和群众更加自觉地投身于我国海洋事业的建设之中，推动我国海洋事业的大发展，为中华民族在 21 世纪的伟大复兴做出更大的贡献。

海洋开发已经成为国际事务的热点领域之一，把"实施海洋开发"作为新世纪我国经济和社会发展的一项重要战略部署，这是一项顺应时代潮流、与时俱进的重大科学决策。"实施海洋开发"，是实现祖国和平统一的客观需要。中国是一个陆海兼具的国家。海洋与中华民族的生存发展、国家的统一强大、社会的稳定和发展休戚相关。"实施海洋开发"，建设海洋强国，全面建设小康社会是维护国家安全，实现祖国和平统一和实现中华民族伟大复兴的重要基础和保证条件。

第六章　中国海洋资源战略发展

为了实现"实施海洋开发，建设海洋强国，全面建设小康社会，维护国家安全，实现祖国和平统一和实现中华民族伟大复兴"的历史使命，中国必须调整海洋资源发展战略。本章主要从四个方面进行论述。首先阐述海洋开发的总体战略，再论述新型海洋经济发展战略，海洋资源可持续发展战略，以及建设中国海洋强国等内容。

第一节　海洋开发的总体战略阐述

一、战略背景

海洋是中国的潜力所在、希望所在、优势所在。伴随着国际海洋开发力度的不断加大和海洋产业的加速转移，伴随着我国东部地区"率先发展"战略的实施和沿海经济带的建设，浙江海洋开发和海洋经济发展正进入一个全新的阶段。

1. 国际海洋产业向亚太沿海地区转移，集中布局、集群发展成为重要方向

20世纪90年代以来，不少发达国家基于本国市场容量、劳动力价格、运输成本等方面因素，海洋产业开始加快向市场广阔、原料丰富、社会稳定和具有劳动力比较优势的发展中国家转移。中国，尤其是沿海地区，以优越的区位地理环境和经济高速增长带来的巨大市场需求，成为港口、航运、船舶、石化、造纸、海洋旅游、海洋生物、水产品精深加工、海水综合利用等海洋产业的重要投资场所。与此同时，为提高竞争力和综合效益，海洋产业布局多以大型港区、重化工业园区为载体，发展导向更加注重配套产业开发和产业链延伸，以形成具有地方特色的海洋产业集群。

2. 海洋产业发展重点向技术密集型、服务型、环境友好型转化

从全球发展趋势看，以先进装备制造业、精细化学工业、船舶工业、能源电力工业为代表的资本技术密集型重化工业，成为发展中国家发展海洋经济的重点。与此同时，海洋产业发展越来越依托现代化的生产性服务，包括港口运营、船代货代、金融保险、物流配送、信息咨询、电子商务、教育科研等，日益成为决定海洋产业发展空间和水平的关键性因素。此外，在全球环境形势Et 益严峻的背景下，生态环境友好已成为海洋经济发展的基本要求。随着国际社会在清洁生产、资源循环利用领域取得重大技术突破，冶金、化工等传统重污染临港行业，目前正逐步向接近或基本实现环境友好目标迈进。

3. 国家积极出台系列海洋经济发展政策，沿海省市海洋经济发展竞争加剧

国家高度关注重化工业发展，陆续出台《国家海洋事业发展规划纲要》《全国沿海港口布局规划》《钢铁产业发展政策》《炼油工业中长期发展专项规划》等政策性文件，批准实施一系列重大项目，有力地带动了海洋产业的发展。与此同时，基于海洋产业多具有关联度大、技术含量高、附加值高、对区域经济带动力强等特点，成为近年来沿海省市产业规划的重点，各省市之间在争夺大型港口泊位、炼油乙烯一体化、大型钢铁、国家级原油储备基地等建设和布局重大海洋科研项目方面竞争激烈。当前，为积极应对国际金融危机，国家陆续出台十大行业调整振兴规划，其中石化、钢铁、能源、船舶等产业是典型的海洋产业，装备、物流等与海洋密切相关，在一定程度上讲，我国保增长、促转型的重要载体和途径就在于高水平推进海洋开发和海洋经济发展。

二、总体思路

科学开发海洋、建设海洋经济强省，就是要着眼于浙江经济社会全面协调可持续发展，坚持以陆引海、以海促陆、陆海联动，科学开发海洋资源，大力发展海洋经济，拓展新的发展空间，进一步推动浙江发展从陆域平原时代迈向陆海一体时代，使中国沿海经济带成为经济区的重要支撑和环太平洋经济圈的重要一环，把中国沿海和海岛地区建设成为基础设施完善、区域布局合理、经济实力雄厚、社会文明进步、人民生活富裕、生态环境良好的现代化区域。

科学开发海洋、建设海洋经济强省，既是一个产业发展战略，即要深度开发海洋资源，做大做强海洋产业，增强海洋经济综合实力和国际竞争力，更是一个区域开发战略，即要加快沿海和海岛基础设施建设，着力改善发展环境，引导各类生产要素向沿海地区集聚，并逐步由海岸扩大到海岛，推进发展重心东移，加速形成沿海产业密集带、经济核心区和城市群，实现生产力布局的调

整优化，培育新的增长极，形成开发海洋、发展沿海、联动全省的局面。科学开发海洋、建设海洋经济强省，既要统筹空间布局，又要谋划长远发展，对浙江经济社会发展将产生广泛而深远的影响。需要调动全省各地、各部门的积极性，需要各地、各部门通力协作，共同聚焦海洋、投入海洋、开发海洋、发展海洋、保护海洋，举全省之力建设海洋经济强省。

因此，中国高水平推进海洋开发的战略思路为：切实按照科学发展观要求，按照国家关于实施"海洋开发"，建设"海洋强国"的战略部署，坚定不移地走新型工业化和新型城市化道路，以海洋经济强省建设为主要平台，以海洋现代产业体系建设为主线，以科教创新、服务创新、体制创新为动力，统筹城市建设与渔区发展、资源开发与环境保护、经济发展和民生保障，加快海洋资源科学开发，集聚临港大项目，有序发展港口航运、海洋旅游、石化、能源、钢铁、装备、船舶、海洋捕捞与养殖、水产品精深加工等支柱产业，积极培育海洋生物制品与制药、海水综合利用、现代航运服务、海洋能源等新兴产业，着力优化海洋经济空间布局，构筑经济高效、技术先进、资源节约、环境友好的新型海洋经济体系，力争把浙江建设成为海洋经济综合实力强、海洋产业结构布局合理、海洋科技教育先进、海洋生态环境良好的海洋经济强国，力争使海洋经济强省建设成为践行"两创"总战略的主战场、经济转型升级发展的主力军、新型工业化和新型城市化推进的主动力。

三、战略要求

1. 海陆一体

把丰富的港、渔、景、油、涂、岛、能等海洋资源优势，与陆域经济在产业、市场、资金、科技、人才和机制方面的优势结合起来，以海带陆、以陆促海，实现海陆产业联动发展、基础设施联动建设、资源要素联动配置、生态环境联动保护，以海洋经济大发展带动内陆腹地大开发、大开放。

2. 集聚提升

跟踪全球海洋经济发展前沿，以提高海洋产业核心竞争力为重点，充分发挥城市群、产业带、开发区等载体作用，科学谋划空间布局和战略定位，推进产业结构调整和转型升级，培育大港口、大路网、大产业、大物流和新的战略增长点，实现海洋经济集聚化、基地化、集群化发展。

3. 集约高效

深入实施"科技兴海"战略，加大"名校大院"、科研团队和专业人才的培养和引进力度，优化海洋科技、教育资源配置，着力自主创新，完善科技创新体系，加强海洋科技研发和成果转化应用，培育海洋高新技术产业和现代服务业，提升海洋产业科技含量和规模层次，促进海洋开发由粗放型向集约型转变，不断提高海洋开发和海洋经济发展水平。

4. 生态优先

坚持海洋经济发展规模、速度与资源环境承载力相适应，坚持海洋资源开发利用与海洋生态环境保护相统一，把海洋生态文明建设放到更加突出的位置，建立海洋资源可持续利用体系，加强海洋生态环境保护，大力发展循环经济，完善海洋基础设施体系，实现海洋经济可持续发展。

5. 创新突破

进一步创新思路、创新体制、创新举措，理顺海洋综合管理和分工协作体系，加大政府引导和支持力度，公平市场准入，充分发挥市场配置资源的基础性作用和民营经济参与海洋经济发展的积极性，形成多元化的投入机制和市场化的运作机制，形成促进海洋经济健康发展的有效体制。

四、战略定位

中国海洋开发必须立足中国沿海和长三角，服务长江流域和全国，面向亚太地区，充分发挥海洋资源、区位条件和产业基础优势，科学合理明确战略定位，增强区域和国际竞争能力。

1. 国家战略物资储运基地

充分发挥中国沿海作为参与国际经济竞争和海洋权益维护前沿阵地、东海油气开发后方基地的战略地位，加强作为领海基点岛屿和重要国际航道的保护，加强深水集装箱港区、大宗战略物资储运深水港区及其配套体系的建设与功能完善，加强东海油气开发后方基地的规划建设，成为中国开放型经济体系经济安全的战略支撑，国家海洋权益维护、对外贸易和战略物资储运的保障区域。

2. 中国现代海洋产业区

充分发挥浙江海洋资源、区位条件、体制机制等优势，按照现代海洋产业体系建设要求，整合提升环杭州湾和温台沿海产业带，大力发展海洋新兴产业和海洋科技教育服务业，着力创新支持民营经济全面参与海洋开发的体制机制，建设具有国际影响力的港口物流、战略物资储运、临港工业和能源四大基地，发展具有国际竞争力的航运、船舶、石化、海洋装备、海水利用、海洋能开发等优势产业，培育一批具有国际知名的优秀海洋企业和品牌，成为具有全球影响力的现代海洋产业区，促进中国海洋经济转型升级发展。

3. 世界级城市群的重要组成部分

以上海为龙头，以共建上海国际金融中心和航运中心为战略平台，突出中国沿海城市宜居住、宜创业特色，高水平规划建设沿海城市带和大都市经济圈，加强"名校大院"引进和科教创新服务与产业化基地建设，吸引国内外高端资源要素集聚，增进中心城市服务功能和带动能力，提升与台湾、海西区、长江流域和中部地区间的交流合作与优势互补水平，成为长三角世界级城市群的重要组成部分。

4. 海洋综合管理与生态文明建设的示范区

积极转变海洋经济发展方式，加强在沿海行政管理、海洋规划编制与执行、涉海部门分工协作等领域的改革创新，加大在城市建设、产业布局、区域协调、资源开发、污染防治、生态修复等领域的海陆统筹力度，争取在海岛资源保护与开发、滩涂资源生态开发与高效利用、海洋生态环境统筹保护、海洋产业循环经济模式推广等领域开展"先行先试"，积极改善海陆综合布局和近海生态环境，建设成为我国海洋综合管理体制创新和生态文明建设的示范区。

五、战略布局

1. 加强重点海洋产业区块的规划建设

加强沿海和海岛区域资源环境承载力和发展潜力评价，按照发挥区域特色、提高竞争优势、实行错位发展等原则，择优、集中、高水平规划建设若干陆域区块和重点海岛，作为中国海洋经济发展的重点功能区块，明确空间布局和交通环保设施、生态保护与修复等配套要求，成为中国海洋产业壮大升级主要平台、沿海产业带有机组成部分。

2. 加强战略性海洋经济项目统筹推进

鉴于大型临港产业多具有国家规划性强、投资规模大、配套要求高等特点，抓住国家正积极调整振兴船舶、石化等海洋性产业的契机，从全省海洋经济空间布局优化战略高度，加强梅山保税港区、金塘港区（一、二、三期）、镇海炼化1000万吨级炼油扩建和大乙烯（二期）、台州大炼化、金海湾船业、中海油（象山）工程装备基地、杭州湾近海100万千瓦级风电、浙江LNG接收站及配套、甬台温高速公路改扩建工程等战略性海洋经济项目的统筹规划、争取、立项等前期工作。处理好项目建设所要求的水、电、路和安全、环保等配套，处理好相关配套产业跟进所需建设用地和其他基础资源预留，实现临港产业项目建设对区域发展带动能力的最大化。加强政府产业导向对沿海审批的约束，提高海洋资源集约化水平。

第二节　新型海洋经济发展战略

一、新型海洋经济发展策略

（一）强化海洋经济发展的统筹力度

加强沿海和海岛重点海洋产业区块的统筹规划建设。根据环杭州湾产业带规划、温台沿海产业带规划和省海洋功能区划、省主体功能区规划等战略规（区）划的总体要求，结合浙江海洋开发纳入国家战略的相关研究，加强区域资源环境承载力和发展潜力评价，按照发挥区域特色、做强竞争优势、实行错位发展等原则，择优、集中、高水平规划建设港航服务、新型临港重化工业、海洋新兴产业、海洋研究开发等功能区块，明确空间布局和交通环保设施、生态保护与修复等配套要求，成为全省海洋产业壮大升级的主要平台、沿海产业带的有机组成。

加强战略性海洋经济项目的统筹推进。抓住国家正积极调整振兴船舶、石化、物流、钢铁、装备等海洋临港产业的契机，加强统筹港口、石化、船舶、海洋工程装备、海洋电力、海洋新能源等战略性海洋经济项目的规划、争取、立项、审批等前期工作，处理好重大海洋项目建设所需人才培养和引进，以及当地劳动力技能培训，实现临港产业项目建设对区域发展带动能力的最大化。

加强海洋产业区分类管理和生态化改造的统筹管理。鉴于海洋生态环境的复杂性和难以修复性，以及海洋产业对岸线、腹地等资源的独特要求，加强现有海洋产业区块空间特性的科学论证，统筹明确区块产业导向、环保要求及其生态化改造路径。对地处生态敏感区域的产业区块，加强产业规模和种类控制，提高生态环保标准和监控力度。对发展依托差、生态环境难承载区块，积极实行产业转移或整顿关停。

（二）做大做强特色优势海洋产业

择优发展新型临港重化工业。强调"新型"，即要求走新型工业化道路，广泛采用现代先进适用技术和装备改造升级重化工业；强调"积极"，是因为发展临港重化工业对浙江具有长远战略意义，又显得迫切，须采取积极进取态度，争取国家有关部门和企业的支持；强调"择优"，即要有所为，有所不为，科学合理地选择临港重化工业的行业门类、产品种类、布局空间和合作主体，重点倾斜，务求实效。其中，石化以炼油和乙烯为龙头，三大合成材料及多种有机化工原料为重点，向下延伸到精细化工、塑料等产业链，近中期推进台州大乙烯项目规划建设，与上海、江苏共建世界级石化工业基地；船舶以造为主、修造并举，着力扶持船舶设计与关键性部件业，促进空间布局优化和产品结构调整升级，提高行业组织化、科技化、集中化程度，成为国际船舶工业重要组成；钢铁应积极发展不锈钢和板材类优质钢冶炼及加工，延伸高附加值产业链，形成产业集群，成为我国生态型精品钢铁工业基地；电力以能源保障为核心，以节能环保为重点，优化燃煤火电结构，加快核电建设，推进天然气发电，成为沿海重要能源基地。

扶持发展海洋工程装备业。海洋工程装备业是海洋产业转型升级、增强竞争力的重要支撑，也是海洋经济的重要增长点。以杭州、宁波为主要基地，重点发展大型船用柴油机及其推进装置、船用导航和自动化装置、海水淡化用能源回收装置和高压泵、石化成套设备、海洋环保设备，逐步提高船舶、海水淡化、石化、海洋环保等产业中工程装备的本省化率，加快形成在全国乃至国际的行业或产品竞争优势。结合"大院名校"和优秀企业、人才引进，加大政府引导力度，争取在自升式钻井平台、起重与铺管装置、浮式生产储油装置、海上稠油及边际油田开发装置、深水水下采收系统等领域取得突破，力争形成产业和研发优势，带动全省海洋产业科技水平和实力的提升。

(三) 促进海洋新兴产业从亮点向增长点转变

大力发展海水综合利用业。确立海水利用作为沿海和海岛地区重要水资源的战略地位，扩大海水淡化和综合利用规模，减少大规模异地引水带来的流域生态安全影响。加强体制创新，加快把海水淡化工程规划、建设和运营纳入市政饮用水工程范畴，享受同等税费待遇，提高海水淡化产业发展的积极性。积极制定规范性文件，鼓励沿海电站积极利用余热和波谷电发展海水淡化，解决自身及当地所需用水。加强海水淡化技术研发，掌握自主知识产权，重点突破能量回收装置、高压泵等关键设备技术瓶颈，将杭州打造成全国主要的膜法海水淡化技术与装备研制和产业化基地，并力争在国际上形成竞争优势。争取从海水淡化的浓缩海水中萃取和精深利用化学元素的技术突破，在有助于减少环境影响的同时，将其扶持成为新兴产业门类。在适宜的区域、领域，大力鼓励海水直接利用，扩大直接利用的比重，节约淡水资源。

扶持发展海洋生物医药业。海洋生物医药业发展潜力大，但基础研究性强、开发周期较长、风险大。要积极借鉴美国、日本和中国台湾等丰富的经验，加快设立省海洋生物医药发展引导基金，主要用于海洋生物医药的基础研发、临床试验、标准制订或品牌化推广。以宁波、台州、温州为重要基地，加强国内外优秀海洋生物科技机构、企业和人才的引进，择优发展海洋生物养殖和育种、海洋药物、海洋保健品、海洋功能食品、海洋生物化妆品等领域，力争形成浙江较强的海洋生物医药技术研发能力和较为完善的产业化促进体系，使其成为浙江海洋经济可持续发展的重要方向和能力保障。

鼓励发展海洋新能源产业。探索利用海洋新能源是缓解能源压力的重要方向。积极建立、完善风电开发利用专项资金和"绿色电价"机制，规划、建设一批风电场和风电设备研制项目，加快形成沿海和海岛风电产业链。结合英国、韩国等近年来建设大型潮汐能电站的经验，加强潮汐能规划开发，提高电价补偿标准（相对风电补偿 0.5 元/度，潮汐能仅需补偿 0.2 元即可保本）。争取国家和国际海洋热能、波浪能、生物能源开发项目计划，开展试验性开发，积累研发、人才实力。

（四）加大海洋科技研发支持力度

建立多元化海洋科技投入体系。海洋产业多为技术密集型产业，海洋科技创新具有高投入、高风险特征，加大政府对海洋基础研究的投入和关键性研发项目的扶持力度，是欧美、日韩等海洋科技发达国家的普遍经验。为此，需继续加大财政对海洋基础研究和关键技术研发的投入，支持沿海市县设立海洋科技创业投资引导基金，健全对海洋科技型企业的担保贷款，形成浙江海洋科技稳定增长的资金投入机制。增设海洋科技自主创新专项经费，重点在海洋装备、海洋安全、海水淡化、海洋能源、海洋生物医药、船舶制造等基础研究和关键技术研发领域加大专项投入。同时，积极引导企业和全社会增加海洋科技投入，择优引进民资和外资，形成多元化、多渠道投入格局。

二、大力发展新型海洋渔业

（一）新型海洋渔业发展模式

中国海洋渔业正处在向现代化渔业跨越的重要时期，在继续加快传统渔业改造，大力发展资源节约型、环境友好型渔业背景下，海洋渔业发展正呈现以下模式：

1. 海洋捕捞向规模化、远洋化方向发展

生态友好型、资源保护型海洋捕捞制度正逐步建立，渔民转产转业进一步加大力度，渔船报废制度更加规范，远洋渔业在新渔场开发和远洋基地建设方面将有新拓展，渔船装备水平和安全性能将有新提高，特别是捕捞渔船和渔获物保鲜技术将有新的突破，渔船作业结构更趋合理。

2. 海水养殖向优质、高效、生态方向发展

水产养殖业不仅注重产量、产值、数量，更注重质量、安全、效益。开发、引进、繁育具有国内外市场前景新品种的力度将进一步加大，将为海水养殖提供新的产业化品种。渔业标准体系更加健全，为水产健康养殖、生态养殖奠定基础。依法开展对初级水产品质量安全管理，水产品质量安全管理将在法制的轨道上进一步加强。

3. 水产加工向品牌化、外向化、安全化方向发展

水产加工企业品牌意识明显提高，水产加工将向休闲、方便、绿色、口感好方向发展。水产品加工出口继续强势增长，水产加工业发展将推动捕捞、养殖业进一步发展，推进渔业结构的调整。

4. 渔业管理向科学化、法制化、规范化方向发展

依法兴渔不断推进，具有浙江特色的渔业管理法规体系基本建立，以捕捞许可制度、养殖证制度、水产苗种生产许可制度、渔船检验制度、职务船员证书制度等五大制度为核心内容的渔业管理进一步加强。养殖证制度和水产苗种生产许可制度将全面落实。

5. 政策引导上向更加注重扶持新兴产业转变

在战略上把政府的政策导向作用由产品生产调整为对产品消费安全监管、由产量跟踪调整为对资源管理、由扩大规模调整为生态型标准化生产、由生产服务调整为渔民权益保护和向公共管理转移。渔港经济区、远洋渔业、生态渔业、休闲渔业、观赏鱼养殖业、渔业物流业等，将成为行业新的关注和扶持重点。

(二) 新型渔业发展布局

1. 择优发展现代渔业

积极提倡资源管理型海洋捕捞业。推广负责任捕捞技术，构建生态友好型海洋捕捞业。全面推行海洋捕捞渔船法人注册登记制度，提高海洋捕捞业产业化、组织化和法制化水平。加强选择性捕捞技术研究，减少幼鱼、低值渔获物比例。研究和制订最小囊网网目尺寸，试验和推广在主要捕捞网具上安装释放幼体和保护动物装置，减少对渔业资源的损害。加大对被动性捕捞工具改进力度，有效改变捕鱼装置、破坏资源再生产机能状况。同时，有序开拓远洋渔业后备渔场，整合远洋渔业资源，提高远洋渔业组织化程度；完善远洋渔业配套服务体系，建立远洋渔业风险机制，增强浙江远洋渔业整体竞争力和抵御国外

风险的能力。

大力发展特色生态型水产养殖业。把传统的生态养殖原理和现代生产方式相结合，革新养殖技术，规范养殖行为，鼓励发展生态、健康养殖技术，形成既环保、生态，又有经济效益的养殖方式。同时，按照产业化、标准化、无公害要求，推广养殖新模式，培育区位优势明显的特色水产养殖业，逐步形成较强市场竞争力的特色渔业产业区（带）。

扶持发展水产品精深加工业。水产品精深加工是浙江现代渔业发展"瓶颈"，需积极参与水产品精深加工的国内国际经济技术合作和竞争，加强科技攻关和技术改造，高起点建设和改造一批精深加工项目，大力培植和引导一批具有较强竞争实力的水产品加工龙头企业，力促全省水产品精深加工规模、比重和附加值率的大提升。

鼓励发展水产品现代商贸业。按照新型专业市场标准要求，积极改造和建设一批水产批发专业市场，加强市场信息服务体系建设，拓展网上交易新途径，力争成为长三角乃至我国沿海主要的水产品贸易中心。着力培育一批水产行销大户和企业，形成多渠道、全方位、信息灵的水产品流通体系。探索开发主要水产品的价格生成与预测，力争成为我国乃至亚太地区主要水产品定价中心，掌握水产品国际贸易话语权。

积极培育现代休闲渔业。充分挖掘渔业旅游资源，结合渔民转产转业以及重点渔港、渔乡渔村、旅游景点的建设改造，进一步开发渔文化内涵，构建多元化、市场化、精品化的休闲渔业产业群。结合海洋旅游开发和人工鱼礁、增殖放流、资源修复工程，发展人与自然和谐共处的海洋游钓业，力争将休闲渔业产业培育成浙江渔业发展的新亮点。

2. 优化海洋渔业空间布局

优化省级优势品种养殖示范基地。以无公害生产为核心，以规模化生产、规范化管理、产业化经营为主要内容，合理布局优势水产品出口、原料供应和名牌产品生产示范基地，开展关键养殖技术示范推广工作，建设约 80 个各类优势特色养殖、产业化示范基地，为全省优势水产品养殖生产和经营提供示范，切实解决好制约浙江养殖业发展的"瓶颈"。

完善优势原良种基地布局和网络。以种子种苗工程建设为抓手，继续建设、改造一批优势养殖品种的原、良种繁育基地，做好优势养殖品种保种、育种工作。以舟山市海域、象山港、三门县健跳港等为主，做好海洋种质资源保护区规划，重点建设好大黄鱼、虾类、海水蟹类、龟鳖类、珍珠等优势品种的原、良种基地，扶持一批省级优质种苗繁育基地，逐步形成完善的优势养殖品种原、良种供应网络体系。

　　因地制宜完善渔港区域布局。以现代渔港经济区建设为抓手，结合各地渔船分布情况、港口自然条件和经济状况，进一步完善渔港建设布局，科学规划好中心渔港、重点渔港、一般渔港的配置，建设一批配套完善、功能齐全的新型渔港。在此基础上，选择一些条件较好的重点渔港，结合渔区新农村建设，大力推进渔港经济区建设，积极发展渔业二、三产业，促进渔业结构调整和渔民转产转业，为渔业经济持续稳定健康发展打下坚实的基础。

第三节　海洋资源的可持续发展战略

一、海洋资源可持续发展的必然要求

　　1. 中国社会经济的可持续发展承受的资源环境压力越来越大

　　保持资源的相对充足，是社会经济可持续发展的重要前提。要保障 21 世纪中国国民经济持续、快速、健康的发展，现有陆域资源开发形势将更加严峻，面临土地、淡水、矿产等资源短缺，环境污染严重，交通拥挤等问题。

　　中国虽然幅员辽阔，但陆地自然资源人均值低于世界平均水平，多种陆地资源日渐短缺。人均占有陆地面积仅 0.08 平方公里，远低于世界人均 0.3 平方公里的水平；中国人均耕地 1 亩（1 亩＝0.0667 公顷）多，低于世界人均水平，后备土地资源也只有 2 亿亩，在占世界 7% 的耕地上养活了 22% 的人口；淡水资源人均占有量只有世界平均水平的 1/4；人均矿产资源量仅相当于全世界平均水平的 1/2，45 种主要矿产资源的保证程度日益严重。而且，随着我国经济建设的发展和人口的不断增长，资源供需的矛盾更为尖锐化。据专家预测，到 2050 年，中国的人口总量将达到 16 亿，这意味着，政府需要为今后 30~50 年内大约 3 亿~3.5 亿的新增劳动力人口提供就业岗位；需要为今后 20~30 年内大约 8 亿劳动力提供大量的生产资料，需要为今后 30~50 年内增长的 7 亿~8 亿城市人口提供粮食、副食品、社会生活基础设施等，还要在目前资源已严重短缺的情况下为巨大的新增人口提供资源增量。陆域所承受的粮食、资源、水源和环境等方面的压力越来越大。

　　2. 海洋资源丰富、开发不足、潜力巨大

　　中国大陆濒临四大边缘海，海岸线北起鸭绿江口，南至北仑河口，长 18000 多公里，海域南北跨度为 38 个纬度，兼有热带、亚热带和温带三个气候带的海域特征，开发利用环境条件良好。渤海、黄海、东海与南海的面积共

计470万平方公里，每年提供的生态服务价值共计2700多亿美元，约为23000亿元人民币，是富饶而未充分开发的资源宝库，是发展经济的新领域。

中国大规模的海洋开发利用，较世界滞后大约10年多，虽然发展速度很快，但与发达国家相比，开发利用程度不高。统计数据表明，我国近海油气探明储量仅占资源量的1%，累计开采量仅占探明储量的5%。滨海旅游资源利用率不足1/3，且开发深度不够。可养殖滩涂利用率不足60%。盐碱土地和滩涂利用率只有45%。15米水深以内浅海利用率不到2%。海水直接利用规模较小。滨海砂矿累计开采量仅占探明储量的5%。沿海地区一些深水港址未开发，外海渔业资源利用不足，海滨砂矿利用率不高，海水和海洋能的开发程度和利用水平更低。大洋矿产尚未开发。我国海洋资源基本情况及开发利用程度见表。

3. 海洋资源开发形成海洋产业群，海洋经济实力迅速提高

海洋资源开发利用是海洋产业形成、海洋经济发展的基础和条件。改革开放以来，我国海洋经济发展迅速，在中国社会经济发展中占据越来越重要的地位，成为国民经济的新增长点。开发利用海洋资源形成了不断扩大的海洋产业群，全国海洋产业总产值从1978年的60亿元增加到2000年的4100多亿元，翻了六番。海洋产业增加值占国内生产总值的比重上升到2.6%。从事海洋开发的劳动力400多万人，兼业人员超过1000万。海洋环境保护工作逐步加强，海洋科技水平不断提高。中国的海洋事业已经有比较好的基础，海洋经济实力迅速提高。

21世纪海洋的大规模开发利用，将使得海洋开发实物产量不断增多，就海洋资源基础来看，将可能长期提供60%左右的水产品，10%左右的石油和天然气，70%左右的原盐，70%左右的外贸货运量，以及不断增多的海洋药物、海洋化工、海洋矿产、海洋电力、生产和生活用水等方面的产品。开发利用海洋来缓解21世纪社会经济发展所需的食物、能源和水资源紧张局面具备现实需求的必要性和经济技术的可能性。

从以上分析可以看出，中国社会经济发展对海洋资源需求旺盛，在海洋资源方面有广泛的战略利益。从自然、经济、社会等方面基础条件来看，中国拥有丰富的海洋自然资源、广阔的海洋空间、良好的开发利用条件等自然基础，综合国力逐步增强、海洋开发能力提高、海洋产业规模较大等经济基础，国家重视发展海洋事业、劳动力多和人力资本素质较高等社会基础。中国已经具备了大规模开发利用海洋，为国家21世纪的粮食问题、水资源问题和能源安全问题做出贡献的经济技术能力。海洋是中华民族生存和发展的重要空间，是战略性资源基地，把眼光转向海洋，大规模开发利用海洋资源的条件已经成熟。

以海洋作为自然资源开发的后备战略基地，不断加快海洋开发步伐，是中国实施可持续发展战略的必然选择。

二、海洋资源可持续发展的策略

（一）进一步完善规划

加快制定出台《中国无居民海岛保护与利用规划》，对中国海岛实行分类管理，严格保护好保护类海岛，对保留类海岛实行原生态管理，对利用类海岛按照分类科学合理开发。根据新形势修改制定《中国海洋旅游发展规划》，指导中国海洋旅游发展。同时，强化规划的执行力度，例如借这次金融危机带来的进出口增速减缓、部分码头吞吐能力供大于求隐忧显现之机，加紧对全省各港口规划所涉码头泊位，以及未列入规划而正准备建设项目，特别是货主码头和修造船码头项目，进行全面调研。在此基础上，结合《中国港口岸线管理办法》的制定，对中国码头泊位规模数量、结构组成、布局分布进行规划完善。

（二）建立健全海域使用权市场化配置机制

按照市场经济体制对资源配置的内在要求，建立海洋使用权市场化运作机制，协调规范海洋使用权市场化配置与相关法律法规关系，促进海洋使用权市场化服务体系建设。加强海洋使用权市场化配置制度建设，改革现行不适应海洋使用权市场化配置的法规政策，尽快建立完善海域使用权的招标拍卖制度、海域使用权流转制度等相关制度及实施办法，细化海域使用权抵押的办法和程序。加强海域使用权服务体系建设，包括建立海域使用价格评估制度和海洋使用权出让，交易信息公开制度。海域使用权价格是推进海域使用权市场化配置的核心，建立海域使用价格评估制度具体包括建立省、市、县不同层次的海域使用权基准价格体系及针对具体用海项目不同用途（如出让、抵押、资产处置、收回补偿）的评估制度。加快建立海域使用权出让，交易信息公开制度，使公众能便捷地了解各类信息，参与海洋使用权市场竞争，促进海域使用权出让、交易信息公开、公平、公正。加快出台相关政策，鼓励和规范海洋使用权交易代理、评估等中介机构发展，为海洋使用权交易提供专业服务。

（三）规范养殖用海管理

一要依法保护养殖渔民的合法权益。充分运用新闻媒体、网络等社会舆论资源，普及海洋使用法律知识，逐步扭转与法律相抵触的"祖宗海""乡村海"等传统观念，引导渔民依法使用海洋，运用法律武器保障自身利益。同时将海域使用管理链延伸至乡（镇）、村，建立便民的养殖用海申请审批工作机制。二要探索和改革养殖用海海域使用金征收和管理模式。养殖用海使用金应全部用于养殖用海的管理，一部分可返还给乡（镇）、村委员会用于协助管理经费补助，其余可探索建立养殖风险保障、养殖渔民社会保障基金等。同时，对当地渔民从事养殖生产的，可在适当的面积内免缴或减缴海洋使用金。三要合理选划养殖海域。选划养殖海域，就是要为渔民划定"保障海"，这个底线的设定应当经过科学论证，充分考虑各产业发展需要，以及海洋渔业资源休养生息需要。渔业用海确定以后，应像保护基本农田一样严格保护，并立法规范。

（四）探索填海成陆土地管理新机制

要针对不同的填海造地类型，制定恰当的管理政策，在符合法律和国家政策的前提下，建立有利于经济建设的填海成陆土地管理新机制。纯粹以造地为目的的围填海，在海洋使用审批上应尽量采用淤涨型高围垦养殖用海管理试点政策，按淤涨型围垦养殖用海的海洋使用金标准征收海洋使用金，项目竣工验收后，凭淤涨型围垦养殖海洋使用权证书转为土地，不再加收填海海洋使用金和土地出让规费，直接进入国有土地储备中心；但如果围填后用作建设用地，则应补办填海海洋使用审批手续。建设项目需要填海，建议由海洋和国土部门共同参与竣工验收，验收合格后凭验收材料办理其他建设手续，由于建设用地使用权和海洋使用权同属用益物权，而且该海洋已形成事实土地，只要评估机构按照土地价值进行评估，不会影响企业的抵押、入股收益。园区建设填海的，由于园区建设填海的面积通常较大，超过省政府审批权限，因此应尽量先确定落户的项目，再按照区域建设用海管理规定办理海洋使用审批手续。由于按照区域建设用海管理程序办理的海洋使用权是确定园区内的具体项目主体，因此填海后形成的土地管理办法与第二类相同。

第四节　海洋环境保护与中国海洋强国战略

十九大报告确立了"全面建设小康社会"这一惠及十多亿人民的奋斗目标。同时，也清醒地指出：现阶段"综合国力竞争日趋激烈""形势逼人，不进则退。"长期以来，国际社会普遍认为，海洋力量是综合国力的重要组成部分。因此，实施海洋开发，建设海洋强国，是实现十九大提出的宏伟战略目标的重要战略举措。

建设海洋强国是增强综合国力的重要措施。当今世界，一个国家的利益已经不仅仅限于自己的国境线之内，而是越来越多地表现在与外部世界的联系之中。现代国家之间的竞争实际上是综合国力的竞争，综合国力从根本上决定着一个国家的地位及其影响。占地球表面积71%的海洋是各国利益直接交汇的重要载体之一，也是直接表现各国综合国力的重要场所之一。古今中外历史证明海洋事关国家主权、经济和安全，关系民族的兴衰。"控制海洋意味着安全。控制海洋意味着和平。控制海洋就能意味着胜利"。因此，海洋历来是世界强国共同关注的国家战略问题传统的世界强国都是海洋强国，包括美国、俄罗斯、英国、法国和德国等。我国的主要周边沿海国家，包括日本、印度、韩国和越南在内，也都制定了新的海洋发展战略，朝着建设海洋强国的目标迈进。

一、建设海洋强国的基础和条件

新中国成立以来，特别是经过20多年的改革和开放，我们国家的经济得到空前发展，综合国力有了很大提高，走向海洋的理论研究篇时机已经到来，已经具备了建设海洋强国的基本条件。

第一，拥有广阔的海域和丰富的海洋资源。中国东南两面临海，海岸线总长度位居世界第四，面积在500平方米以上的岛屿6 500多个，主张管辖的海域面积近300万平方公里。我国大陆架面积居世界第五位。油气资源沉积盆地约70万平方公里，石油资源量估计为150~250亿吨，天然气资源量估计为140000C立方米，还有大量的天然气水合物资源。海洋渔场280万平方公里，20米以内浅海面积2.4亿亩（1亩=0.0667公顷），海水可养殖面积260万公顷，已经养殖的面积71万公顷。浅海滩涂可养殖面积242万公顷，已经养殖的面积55万公顷。中国已经在国际海底区域获得7.5万平方公里多金属结核矿区，多金属结核储量5亿多吨。这些都是我国建设海洋强国的物质条件。

第二，社会经济快速发展，总体国力大幅提高，具备实施海洋强国战略的经济和科技能力。2002年中国国内生产总值超过100 000亿元。国家有能力加大海洋的开发利用，加强海洋力量建设。沿海地区经济和社会快速发展，成为中国率先实现现代化的黄金地带。中国海洋事业已经有比较好的物质基础和条件。海洋经济连续25年以两位数的速度快速增长。海洋科技水平和能力越来越高，海洋科研、调查和勘探工作已经进入太平洋和南北两极地区。中国已经建立了一支具备现代化规模的海上军事力量。

综上所述，中华人民共和国成立以来，特别是改革开放以来中国经济和社会快速发展，综合国力大幅提高，已经具备部署海洋发展战略的政治社会条件和经济科技能力，具备实施海洋开发所必需的"软、硬"两方面的条件。在实施西部大开发战略的同时，着手启动东部大海洋的战略是适宜的和必要的。

二、建设海洋强国的核心内容

海洋强国战略的核心内容是发展海洋经济。其阶段性目标是到 2010 年，经过近 10 年的努力，形成规模齐备、结构合理的海洋经济体系，海洋经济增加值占国民经济增加值的比重达到 3%~5%，海洋科技对海洋经济增长的贡献率从现在的 30% 左右提高到 40% 以上，开发海洋和探测海洋的高新技术从现在主要依靠进口发展为进口与自己开发并重。海洋环境的损害和污染得到有效遏制，部分已经受到损害和污染的海洋环境得到恢复和整治。海洋综合力量进一步充实和提高，能够有效维护中国管辖海域的海洋权益。到 2020 年，在前 10 年发展的基础上，再经过 10 年的努力到建党 100 周年，形成规模和结构强大的海洋经济体系，海洋经济增加值占国民经济增加值的比重达到 6%~8%，成为国民经济的重要组成部分。开发和探测海洋的高新技术主要依靠国内研制生产。受到损害和污染的海洋环境绝大部分得到恢复，海洋环境开始向良性循环发展。海洋科技对海洋经济增长的贡献率再上升 10 个百分点，达到 50%。海洋综合力量建设的规模和能力能够有效维护我主权和领土完整，以及近海和区域性海区的战略利益。到 2050 年，在前 20 年积累的基础上，再经过 30 年的努力到建国 100 周年，在实现第三步国家战略目标的同时，实现建设海洋强国战略总目标，把我国建设成为海洋强国即海洋经济发达，结构合理，形成外向型的产业体系，海洋经济增加值占国民经济增加值的比重达到 10% 左右。海洋科技对海洋经济增长的贡献率达到 65% 以上，并使各项海洋工作建立在现代科学技术支撑之上，海洋高新技术不但能够满足国内海洋工作创新的需求，而且能够部分进入国际市场。海洋环境健康，达到良性循环，确保海洋的可持续利用。海洋综合力量能够确保国家安全和国家的海洋利益，能够在国际海洋事务中积极发挥重大作用。

三、建设海洋强国的总目标

建设海洋强国战略的总目标是从现在开始，与国家发展的第三步战略目标同步，通过近半个世纪的努力，到 21 世纪中叶，把中国建设成海洋经济发达，结构合理，总量在国民经济总量中的比重与中等发达国家相当；海洋科技先进，从依靠扩大资源开发利用转变为主要依靠科技进步；海洋生态环境健康，能够确保海洋的可持续利用；海洋综合力量强大，能够有效维护国家的海洋利益；在国际海洋事务中发挥重要作用，有效参与和推动国际海洋新秩序的建立的海洋强国。

四、建设海洋强国的意义

建设海洋强国是中国繁荣富强和可持续发展的客观现实需要。进入 21 世纪，我国虽然没有面临着大规模外来侵略的近忧，但是，仍然面临着各种潜在的威胁。目前和今后一个时期内，中国需要维护的国家利益的内涵和范围都在不断地变化和发展。从长远需要看，中国应当具备强大的海洋综合力量，具有利用广阔海洋空间的能力和自由，具有捍卫国家主权、领土完整和海洋权益的强大海防力量。没有安全的出海通道，就会严重影响和制约国内经济发展。因此，建设海洋强国，发展综合海洋力量的重要意义在于：第一，主权和领土完整的需要，包括祖国的和平统一问题；第二，稳定和安全的需要，包括国际、周边和区域性的稳定和安全；第三，发展和强大的需要，包括国民经济、社会以及综合国力的建设；第四，和平和正义的需要，包括反对霸权主义和世界单极化。

"实施海洋开发"的战略部署是建设海洋强国的政治保证。认真贯彻这一重大战略部署，有利于实现建设海洋强国的战略目标，把中国建设成为海洋经济发达、海洋科技先进、海洋生态环境健康、海洋综合力量强大的沿海国家。

总之，党的十九大为中国的海洋事业指明了前进的方向，描绘了壮丽的发展蓝图：努力建设海洋强国，全面实现小康社会。通过我们海洋战线上全体同志以及全国人民的共同努力，我们的目标一定要实现，我们的目标也一定能实现！

第七章　海洋生物资源的开发

海洋生物资源研究经历近半个世纪的探索和发展，已经获得了许多宝贵的经验和丰富的研究资料，特别是近年来生物技术的迅猛发展，为海洋生物资源的开发，尤其是海洋药物资源的开发提供了新的研究方法、研究思路和发展方向。

第一节　海洋渔业资源开发以及环境保护

一、海洋渔业资源开发

（一）捕捞渔业

渔业是最具风险的行业之一，原因在于其发展主要依赖于天气、渔业资源等自然条件，而这些因素都是渔民无法掌控的。由于渔业资源具有公有性，每艘渔第六章生物资源船都竭力先于其他人捕捞，国际水产品市场竞争十分激烈。激烈的市场竞争迫使渔民将资金用于高新设备和燃料的购买（从而增加其先于竞争对手捕到鱼的机会），而不是用于投资于维持渔业长期可持续发展的渔业活动，如幼鱼人工放流和增殖放流等。在发展中国家，尽管渔民通常只使用小型渔船和钓渔具进行对其生存至关重要的捕捞作业，但是，近年来，捕捞技术已大大改善，各种精密仪器也普遍运用于鱼群追踪。

捕捞技术的改进使捕捞能力大幅提升，其中冷藏加工船的出现有效促进了远洋渔业发展。远洋捕捞渔船通常配备最先进的速冻机和自动切片机，是真正的捕捞加工船。新一代拖网加工渔船长数百英尺，日加工能力达 600 吨以上。许多沿海发展中国家由于自身捕捞能力有限，通常将其海域的入渔权转让给他国政府或公司。他国政府或渔业公司获得入渔权之后，其渔船就可进入其他国家 EEZ 内的渔场开展捕捞作业。因此，国家间的渔业协定是一种很普遍的做法。

传统经济学理论假设捕捞渔业产量与两个因素成正比：一是捕捞努力量，二是鱼类资源量。Gordon 通过确定净收益（总收益与总成本之差）衡量鱼类资源利用是否达到最优。总成本曲线是关于捕捞努力量或捕捞强度的线性方程，捕捞产量随捕捞努力量的增加而增加，但增长速度逐渐减慢。此外，Gordon 还假设捕捞努力量不受渔具成本影响，因此，边际成本（MC）与平均成本（Ac）等于同一常量，可用水平直线表示。

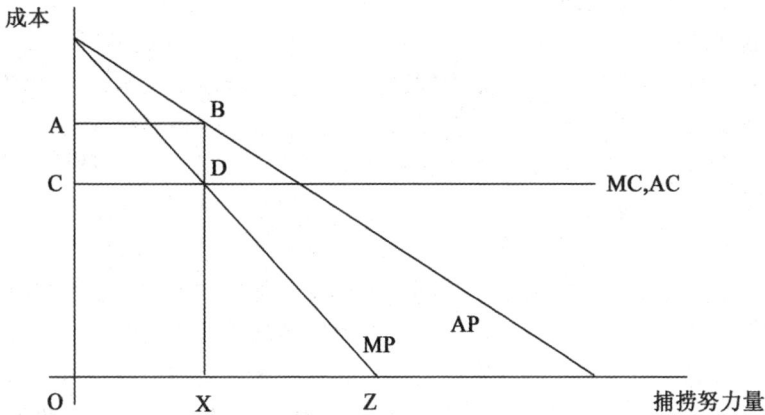

渔业市场配置的经济模型

另一种研究捕捞渔业的主要方法属于生物经济模型。生物经济模型通常将经济学与生物要素学结合在一起，用含生物参数的函数表示渔业管理效率。其中，最常见的生物参数是鱼类种群的自然生长函数。研究人员一致认为，生物量动态模型最大的优势在于其简洁性。生物经济模型通常使用各种方法，评估不同经济环境下海洋捕捞的收益。在生物经济模型中，环境条件鱼类种群动态通常假设为常数，这主要是因为人类对环境和种群动态的主要变化机制等了解尚不深入。科学家目前仅知道鱼类种群动态与生物之间捕食和竞争的生物关系相关，以及与温度变化、盐度变化和含氧量变化等环境变异因子有关。但由于无法确定具体捕捞设备，因此通常假设环境条件与鱼群动态为常数。

（二）水产养殖业

早在公元前 1000 年，人类就开始了鱼类等水生动物的养殖活动。当时，鲤鱼主要养在稻田里，由于鲤鱼的养殖采用了其他土地耕种管理技术，因此，水产养殖被看作是一种农业产业活动。出于商业目的，人们在人为控制条件下选育与培育特定品种，然后捕捞养殖的水生动植物，并最终将渔获物销售到市场。在养殖水体中只放养一种水生动物的养殖模式称为单养。但是，通常的情况是在养殖水体中，同时放养多种水生动物进行养殖活动，这种养殖模式称为混养。总体来说，水产养殖模式多种多样，包括家庭式池塘养殖以及大规模的工厂化养殖。世界各地有各种各样的养殖活动，养殖的品种也是成千上万，包括鳍鱼类、软体动物类、甲壳类以及各种水生植物。

水产养殖技术主要有以下四种：池塘养殖、网箱养殖、水道养殖以及再循环养殖系统四种技术。根据资本投入水平及相应产出情况，水产养殖又可分为粗养、半精养和精养三种模式。

粗放式水产养殖是一种传统养殖模式。粗放式养殖模式的资本投入很少，几乎是放任自流式的养殖。半精养模式则需要投入较多的资本，用于购买配合饲料以及引入必要的水环境控制技术投入等。通常，半精养模式的产出比粗养模式的产出高。精养模式资本投入最高，同时产出也比其他两种养殖模式高。其中，精养模式需要购买优质鱼种、抗生素等化学药品，同时还需要与水环境控制技术等有关的投资。

水产养殖过程中最容易出现的问题是暴发各种鱼病、诱发水藻以及水母暴发、对养殖环境所产生的物理性破坏以及养殖鱼的逃逸。其中，鱼病是影响水产养殖生产的致命因素。放养密度过大、养殖水体环境污染以及苗种质量低下都是引发鱼病的主要原因，因此需要借助水环境控制技术、抗生素投放、养殖品种以及减小放养密度等管理方法。人类可采用海洋生物技术降低水产养殖活动的风险。采用遗传物质修饰技术（GMOs）提高养殖品物种的生长速度等，有助于改善水产养殖的生产效率。然而，由于消费者对转基因水产品安全的担忧，直至现在，转基因技术也未能得到广泛使用。虽然有关部门尚未认可转基因水产品的商品化，但科学家已对一些鱼类成功地实施了转基因，从而提高了其生长速度并在世界各地广泛养殖。运用海洋生物技术，还有助于优化饲料配方，提高投喂技术和养殖鱼类的抗病能力以促进养殖品种健康生长，并使环境污染降至最低。

二、渔业水域生态环境保护与管理

保护和改善渔业水域生态环境是保证渔业可持续发展的前提条件，也是渔业管理工作的重要组成部分。多年来，中国根据本国渔业资源和渔业水域环境特点，确立了以养殖为主的发展方针，力求协调好渔业发展与合理利用资源、保护渔业水域生态环境的关系，把加强渔业资源养护和渔业生态环境保护作为渔业管理的重点。

（一）水域环境保护管理体制

中国的环境保护管理体制是由国务院环境保护行政部门主管负责中国环境保护管理工作，各有关行政部门分工管理相关环境的保护工作，它们之间分工如下。

1. 国务院环境保护行政主管部门，对全国环境保护工作实施统一监督管理。

2. 县级以上地方人民政府环境保护行政主管部门，对本辖区的环境保护工作实施统一监督管理。

3. 国家海洋行政主管部门、海事行政主管部门、渔业行政主管部门、军队环境保护部门以及各级公安、交通、铁道、民航管理部门，依照有关法律的规定对本行业的环境污染防治实施监督管理。

4. 县级以上人民政府的土地、矿产、林业、农业、水利行政主管部门，依照有关法律的规定对本辖区本行业的环境资源的保护实施监督管理。

根据《环境保护法》《海洋环境保护法》《水污染防治法》等法律法规，国家各有关行政主管部门对环境保护工作有比较明确的职责分工。国务院环境保护行政主管部门对全国环境保护工作实施统一监督管理；国务院海洋行政主管部门负责海洋环境的监督管理工作；国务院海事行政主管部门负责所辖港区水域内非军事船舶和港区水域外非渔业、非军事船舶污染海洋环境的监督管理，并负责污染事故处理；国务院渔业行政主管部门负责渔港水域内非军事船舶和渔港水域外渔业船舶污染海洋环境的监督管理，以及渔业污染事故的调查处理；军队环境保护部门负责军事船舶污染的监督管理。

（二）渔业水域生态环境保护与管理工作现状

当前，渔业水域生态环境保护与管理工作采取的对策措施，主要有行政措施、法律措施、经济措施和技术措施。

1. 行政措施

渔业行政主管部门根据有关法律赋予的职责，制定有关管理办法，对渔业水域生态环境进行监督管理，对渔业污染事故进行调查和处理。

根据《环境保护法》《渔业法》《海洋环境保护法》和《水污染防治法》等法律的规定，渔业行政主管部门在渔业水域生态环境保护管理方面的职责主要有以下五个方面。

（1）渔业水域生态环境的监督管理；

（2）渔业船舶及渔港水域污染防治的监督管理；

（3）渔业污染事故的调查处理；

（4）参与涉渔工程、项目的环境影响评价（包括参与建设项目的环境影响评价、入海排污口的设置、废弃物倾倒区的选划等）；

（5）其他保护渔业资源和国家权益的职责。

2. 法律措施

根据《环境保护法》《海洋环境保护法》《水污染防治法》《渔业法》《水产资源保护条例》等法律法规，国家对有关渔业水域生态环境管理的措施及其实施的组织、职责等做了明确规定。

3. 经济措施

建立排污收费制度。凡排放污水的单位根据排水的水质、水量、污水的处理、危害、污水的再利用价值，必须缴纳排污费，同时修改以前排污超标收取超标排污费的做法，对超标排污行为，予以行政处罚。对违反环境保护法律规定，造成污染事故和财产损失的，要赔偿经济损失，予以经济处罚，情节严重的，要追究刑事责任。

4. 技术措施

渔业水域环境保护的一个重要方面是防治水域污染。防治水域污染的技术措施主要有两方面：一是研究和推广改进用水工艺，做到节水，一水多用，实行排水总量控制，减少废污水排放；二是污水的处理和水资源的再生，即废水的循环利用。

（三）渔业水域生态环境建设

生态环境问题可以分为自然资源破坏和环境污染两大类，生态环境保护也就相应分为自然资源保护和防止环境污染两大类。渔业水域的生态环境保护就是对渔业生物资源保护和防止渔业生态环境的污染。

渔业水域生态环境是生态系统的重要组成部分，是环境保护的重要内容。保护好渔业水域生态环境，既是保护渔业资源，又是保障渔业的生存空间，对保障渔民的合法权益和渔业可持续发展具有重要意义。

（1）渔业水域的划定

渔业水域的划定包括两个方面的问题，即为什么要划定渔业水域以及怎样划定渔业水域。前者是解决思想认识问题，而后者是解决方式方法问题。

划定渔业水域可以从基础上保证渔业的持续、稳定发展。自从 1999 年《海洋环境保护法》重新修订以来，由于各个涉海部门对各自管辖范围及管辖权限的争议分歧较大。因此，《海洋环境保护法》的修订是经过两届全国人大五年四审才得以通过颁布。审议期间对各部门的管辖范围与权限的规定也是几经修改。说明国家在处理这个问题上是十分慎重的。为此全国第九届常委会第二十四次会议于 2001 年 10 月 27 日通过了《中华人民共和国海域使用管理法》，根据此法律的有关规定，为了使海域的合理开发和可持续利用，根据海域区位、自然资源和自然环境等自然属性，科学地确定海域功能，划定渔业水域，确定水域的渔业功能，有助于维护渔业从业者的权益。

根据农业部的部署，划定渔业水域主要从三方面着手：一是渔业水域划定要分期、分批，不能一哄而上；二是要分级划定，即国家级、地方级（包括省、市、地、县）逐级划定渔业水域，并通过国家政府部门发布；三是总量控制，渔业水域的划定要有一定范围，不可能是整个江河湖海，也不会是极少的一部分水域，它应当是渔业资源分布和渔业生产的主要作业场所。

《渔业法》第 28 条规定："县级以上人民政府渔业行政主管部门应当对其管理的渔业水域统一规划，采取措施，增殖渔业资源"，这是划定渔业水域的法律依据。据此，县级以上人民政府渔业行政主管部门可以根据渔业资源的分布状况、生产能力、监督管理的需要等渔业的特征、水域利用的安排及监督管理的职权范围，结合以往的渔业区划、渔业资源、环境、滩涂浅海区划以及考虑传统、习惯的渔业作业场所来划定省级、市级、县级渔业水域。国家管理的重要渔业水域由国务院渔业行政主管部门划定。划定的渔业水域由各级政府逐步向社会公布。

（2）渔业功能区

渔业功能区可参照海洋功能区划的规范，即根据水域的客观自然属性及社会在一定物质基础条件下的发展需要，对水域最佳使用方向和优势功能所做的科学、合理的区划，从而指导各行业、各单位的水域开发利用。众多的淡水湖泊、江河同海洋一样是多功能的复合区。开发利用这些水域的社会力量，除了渔业以外，还涉及海洋、环保、交通、水利等各个部门，因此必须统筹协调，各有侧重，保证全局，着眼于整体和长远利益，进行有序管理。

从生态的角度，渔业行政主管部门在做好渔业生态环境的调查、监测之后，对渔业水域进行合理划定。同时，结合环保、海洋等部门的功能区划工作，把渔业水域作为环保、海洋等功能之外的一个功能区，参与政府认可的功能区划工作。例如，有关海洋的功能区划工作，《海洋环境保护法》第 6 条规定："国家海洋行政主管部门会同国务院有关部门和沿海省、自治区、直辖市人民政府拟定全国海洋功能区划，报国务院批准。"这说明海洋功能区的划分必须由有关部门和沿海地方政府共同参与拟定，并经国务院批准后才能确立。

从产业结构的角度，渔业行政主管部门在划定渔业功能区的过程中，应综合考虑水域的综合功能，比如交通运输、旅游开发等。在此基础上，突出渔业的养殖、捕捞等基本功能，有利于提高水域利用的宏观效益。

（3）生态渔业

生态渔业是根据生态学和生态经济学的原理，运用系统工程的方法，在总结以往传统生产实践经验的基础上，通过摸索生态系统内物质循环和能量转换规律，建立和发展一种多层次、多结构、多功能的集约化经营，同时谋求从根本上改善生态环境，在更高层次上快速、持续发展渔业的生产方式。其主要有4个特点。

①按照生态平衡规律，合理开发利用、保护和增殖渔业资源；

②通过采用生物技术和工程技术，提高水域三维空间和生物能的利用率、太阳能和饲料的转化率、农副产品和废弃物的循环率；

③重视科技投入，提高渔业生产的科技含量；

④合理调整生产结构和产业结构，提高渔业生态系统与经济系统的综合生产能力和整体经济效益，其目的是为社会创造高产、高效、优质、多品种、安全无污染的水产品和其他经济产品，最终实现生态效益、经济效益和社会效益的统一。

国家鼓励发展生态渔业，推广多种生态渔业的生产模式。选择推广适合当地水域特点的养殖品种，根据不同品种的生态特点，进行合理的轮养、套养、混养。根据生产实践经验，推广贝藻混养、鱼虾混养、虾贝混养等多种生产模式。同时，在经过充分论证的基础上，建造人工鱼礁和进行人工放流增殖资源，改善渔业水域生态状况。

（4）养殖场建设

水产养殖业一直是水域污染最大的受害者之一，同时由于养殖废水排放和池塘养殖底泥的清淤等，养殖业自身的污染也在日益严重，应引起重视。渔业行政主管部门应当积极主动地开展这方面的防治和管理工作。其主要内容是：组织渔业环境监测部门对新建、改建、扩建养殖场进行环境影响评价，防止造成水域环境污染。经过评价不适于养殖的，渔业行政主管部门应告知管理相对人不能经营养殖，不核发养殖使用证；对经过评价适于养殖的，方可批准其经营养殖，同时在核发养殖使用证时，必须对养殖场所的设置，养殖种类、密度、投饵、施肥及使用药物以及养殖废水的排放和养殖池底泥的处置等做出规范，防止造成渔业水域环境污染。

（四）渔业水域环境监测

渔业水域环境监测工作是渔业环境保护的基础。从环境管理的层面上来分析，通过监测，提供渔业水域环境质量现状，可以为渔业水域开发、利用、合理规划提供决策依据，同时还可以为渔业水域污染事故调查处理提供基础资料。长期的、定点的监测工作可以为水体污染基准值的界定，即水体自然容量的界定做基础性工作，也为环境管理的标准值（即管理容量：如渔业水质标准的发布与修改）的确定提供科学的决策依据。因而，渔业水域环境监测工作是非常重要且意义深远的一项基础性工作。

渔业水域环境的监测计划的制定。渔业系统的环境监测工作应结合渔业的特点发挥自身的优势和特色，监测重点主要放在重要渔业水域、重要的养殖区域，主要经济鱼类的产卵场、索饵场等；监测内容侧重与渔业生物生长、生存、水产品质量密切相关的环境因素，尤其应突出对水生生物的种群结构分析（生物监测）及水产品残毒监测。这两个方面与渔政管理中的渔业资源评估、水产品卫生质量密不可分。同时，渔业水域环境监测工作同样要重视水文、水质、气象等基本状况的监测，因为这些因子与水生生物种群结构分析（生物监测）及水产品残毒监测是相辅相成的，而后者更能体现渔业水域环境监测的优势和特色。渔业水域环境监测还应对可能发生的污染事故做出预测，对已发生的污染事故及时取证，为处理污染事故提供事实材料。

（五）渔业水域生态环境重建与修复

1. 生态修复的意义与概念

（1）修复以保持良好的渔业水域生态环境是渔业可持续发展的迫切需要

许多监测资料表明，目前中国渔业水域生态环境面临的形势十分严峻，主要表现为环境污染日趋严重，水域生态环境遭受严重破坏；赤潮、病害和污染事故频繁发生，渔业经济损失日益增加；水产品质量下降，威胁着消费者健康，并严重影响中国水产品在国际市场的声誉；渔业资源衰退，生物多样性受到威胁，一些濒危物种相继消失，严重危及渔业赖以生存的生物资源基础；渔业水域生态环境恶化，严重制约中国渔业生产的可持续发展和对国家生态安全构成威胁。中国渔业水域生态修复具有必要性和紧迫性。

（2）修复生态学是具有极为强烈的保护和修复生态的崭新理念

随着各国国民经济发展，各相关的生态系统均受到不同程度的影响或破坏，且对生态系统的影响日趋增大，对生物物种和人类健康的威胁压力也日益增大。为了保护生态系统和保障人类健康，自20世纪80年代起，在得到有力发展的现代生态学基础上，修复生态学和生态农业、生态工程、城市生态和生物多样性等是现代生物学中最富于生命力的五大分支学科。

修复生态学还具有强烈的应用生态学背景和很强的学科综合性。它不仅保持着传统生态学和现代生态学的特点，而且与环境科学、水文学、海洋学、气象学、渔业科学、工程学、经济学、管理学及社会学等保持着非常广泛的实践和学科交叉。

"修复生态学"这一名称是以它的功能命名的。修复生态学的任务是研究受到自然灾变和人类活动压力而遭到破坏的生态系统（自然的或半人工半自然的）的修复和重建。由于修复生态学是一个涉及范围十分广泛的新领域，不同作者所研究范围不同，对"修复"的概念虽有不完全相同的理解，然而还是有共性的。"修复"可以简单地概括为：受损生态系统的结构和功能最相似地返回到受干扰前的状态。

2. 生态修复的技术和方法

（1）生态修复技术

①自然修复

自然界具有顽强的修复能力，能逐渐恢复生态系统功能。就是无须人工协助，完全依靠自然演替来恢复已退化的生态系统。通常以建立自然保护区，使保护区内的生物不受人类活动的影响，同时防止其他物种入侵，就能加强自然更新、演替和修复。在经过一段时间后，就能使生物可逆性地保护珍稀动植物物种的稳定性，并可繁殖以增加物种种群数量和提高生物的变质性（多样性）。

②生态修复

虽然大自然具有很强的恢复能力，但在大多数的情况下，还是需要人类减少对生态系统干扰，并需要人类争取采用适当的措施，对生态系统加以保护和修复。简单地说"生态修复"即指通过人工方法，按照自然规律，恢复自然的生态系统。

（2）生态修复方法

①物理化学方法：国外多采用物理、化学相结合方法来处理工厂及水域污染，改善水质；如无机盐类吸附材料、凝集黏土、水流发生装置、水净化用活性炭方法改善水质及采用人工鱼礁等物理和化学方法。

②生物方法：如微生物降解、生物结构调整、生物增殖、移植法等。在生物方法上常使用物种框架法和最大多样性等理论和方法。

物种框架法是指建立一个或一群物种，作用于恢复生态系统的基本框架。这些物种通常是指生物群落中演替早期阶段物种（或称先锋，又称建群种）或演替中期阶段物种。这个方法的优点是只涉及一个（或少数几个）物种的种植，生态系统的演替和维持应依赖于当地种源来增加物种和生命，并实现多样化。因此这种方法最好是在距离现存天然生态系统较近的地方使用。应用物种框架方法的物种选择标准具有两个优点：其一是抗逆性强，这些物种能够适应退化环境的恶劣条件；其二是再生能力强，这些物种具有"强大"的繁殖能力，能够帮助生态系统通过生物的传播，扩展到更大的区域。

最大生物多样性方法是尽可能地按照该生态系统退化以前的物种组成及多样性技术水平移植物种进行恢复，需要大量移植演替成熟阶段的物种。

第二节　海洋生物药用资源的开发

一、海洋生物药用资源研究

新中国成立以来，在继承和发展海洋药物方面做了大量基础工作，在资源普查、水产养殖、老药材新药用范围和新适用范围及新海洋药用生物的发现等方面都有长足的进步，例如用珠母贝类的珍珠粉层作为药用珍珠的代用品；对海星的补肾保健作用进行研究，发现其补肾作用优于海胆，并且资源丰富，品种多，颇有开发前途。在利用高技术研究海洋药物方面也有了突破，如对海马进行分子遗传标记研究，提高了药材鉴定水平。随着现代生物技术的迅速发展，为研究和开发海洋生物药用价值搭建了平台。海洋生物药用技术是将现代生物技术的各种技术手段，基因工程技术、细胞工程技术、微生物技术、酶工程技术、生化分离技术等应用于海洋生物领域形成的现代生物技术的重要分支。现代的化学研究方法与多种生物技术越来越紧密地结合，已成为当今海洋药物研究发展的主流，并且是今后数十年海洋药物研究的主要趋势。随着海洋开发步伐的加快和现代生物技术的广泛应用，从海洋生物中发现活性天然产物，并将其开发成新型药物得到了研究人员的普遍重视。

（一）海洋生物活性成分研究

1. 海洋生物药物

21世纪人类社会面临着"人口剧增、资源匮乏、环境恶化"三大问题的严峻挑战，一直以来作为药物主要来源的陆地生物正面临着被开发殆尽的危险。海洋生物是巨大的生物资源库，向海洋进军，开发海洋药物迫在眉睫。海洋作为一个特殊的生态系统，在某种意义上，本身就是一个复杂的培养体系。海洋生物处于高盐、高压、低温和无光照的环境中，相互间的生态作用多是通过物种间化学作用物质如信息素（pheromones）、种间激素（kairomones）、拒食剂（feeding deterrents）等来实现，远比陆生生物复杂和广泛，这导致海洋生物，特别是深海生物体内含有与陆地生物无法比拟的化学结构奇特、新颖并具有高活性、高药效的先导化合物，其中许多化合物如抗肿瘤、抗病毒、抗感染、抗血脂与降胆甾醇物质、降血压物质、海洋生物毒素等生物活性物质正是人类渴望获得的，这些生物活性物质对开发新药具有巨大的研究和使用价值，为新药研发提供了大量模式结构和药物前体。近年来，随着海洋开发步伐的加快和现代生物技术的广泛应用，海洋生物活性物质的研究已涉及生物、医药、化学等多方面的知识和技术，从海洋生物中发现活性天然产物，并将其开发成新型药物已经得到了研究人员的普遍重视，海洋生物制药已成为一个崭新的领域，有着广阔的研究和市场前景。

海洋天然产物的来源比较广泛，包括藻类（红藻、褐藻、绿藻）、海绵、腔肠动物（如珊瑚）、软体动物（如海兔）、棘皮动物（如海参）、被囊动物（如海鞘）、苔藓虫类、微生物等。所发现的海洋天然产物以抗癌活性方面的研究最多，其次是抗菌、抗病毒活性（特别是抗 HIV），另外，抗心血管病（降压、降血脂等）、抗氧化、神经生长与功能调节活性等方面的报道也比较多。

按照化学结构分类，海洋天然产物有萜类、皂苷、甾类、醌类、卤化物、氮杂环、含硫杂环、多肽、核苷、生物碱、多糖、蛋白质等。目前已进入临床应用或临床试验的海洋天然药物如以海绵尿苷为先导化合物研制开发的阿糖胞苷（治疗白血病）、源于海绵的萜类抗炎物质 manolide 以及作用机制与紫杉醇类似的抗肿瘤物质 discodermolide，再如源于海鞘的 didemins 已作为抗癌药进入二期临床。另有一些海洋天然产物具有显著抗癌活性，开发前景乐观，如海鞘产生的 ecteinascidin743、来自海兔的环肽 dolastatin10 和 dolastatin15 的类似物 LU-103793，来自鲨鱼的 squalamine，珊瑚天然产物 pseudopterosin 的半合成物 methopterosin、苔藓虫素等。

海洋天然产物研究就是现代意义上的"神农尝百草"。事实已经证明结合活性的天然产物研究工作可发现多种海洋生物的药用价值和作用特点。在采集海洋生物的范围和种类上，可以包括从近海到远海、从浅海到深海的几乎所有类型的生物；在药性的试验与评价方法上，采用有效的筛选模型和药理、药效实验方法，可望大大提高研究结果的可靠性与发现新药的效率。

2. 海洋天然活性成分

海洋天然活性成分的研究是海洋药物开发的基础和源泉。海洋生物种类繁多，存在着许多特殊的次生代谢产物。然而，目前对海洋生物中活性成分的发现还仅仅处在开始阶段，经过较系统的化学成分研究的海洋生物还不到总数1%，还有大量海洋生物有待于进行系统的化学成分研究和活性筛选。研究重点主要集中在无脊椎动物等低等的海洋生物。海洋天然活性成分往往具有复杂的化学结构而且含量极低，建立快速、微量的提取分离和结构测定方法以及应用多靶点的生物筛选技术发现新的生物活性成分是当前科学家面临的挑战。

（二）海洋药物基因工程研究

海洋药物基因工程，是指利用分离自海洋生物的有药用价值的基因或以规模化养殖的海洋生物作为表达受体进行遗传操作，从而大量获得高值廉价的药物。根据其供体基因和表达受体的不同，可以分为三个方面：一是将海洋药物基因转入陆地生物中表达。将药物目的基因重组入适当的载体后，借鉴微生物基因工程、植物基因工程和动物基因工程的方法，可在陆地微生物、植物或动物中表达。二是将来自陆地的药物基因转入海洋生物中表达。某些海藻的养殖，如海带，已经形成大规模的产业，在产量上相对于某些高产的陆地作物也具有很大的优势。可以将海洋生物作为来自陆地的药物基因的理想表达受体，生产人们所需要的药物。三是将海洋药物基因转入海水养殖生物中表达。将稀有昂贵的药物基因转入产业化的海水养殖生物中表达，不仅可以获得药物，还可以促进多种优良性状的优化组合，培育海水养殖新品种，带动现代海水养殖业向纵深发展。

（三）海洋生物制药研究

21 世纪的海洋生物技术，将向着水产养殖、天然产物获取和新能源开发 3 个方向发展，海洋生物技术的兴起，大大繁荣了海洋药物的研究与开发。有关资料显示，我国目前已有 6 种海洋药物获国家批准上市：藻酸双酯钠、甘糖酯、河豚毒素、角鲨烯、多烯康、烟酸甘露醇等；另有 10 种获健字号的海洋保健品。我国正在开发的抗肿瘤海洋药物有 6-硫酸软骨素、海洋宝胶囊、脱溴海兔毒素、海鞘素 A（B\C）、扭曲肉芝酯、刺参多糖钾注射液和膜海鞘素等药物，但其长期疗效还有待于进一步观察评价。此外，尚有多个拟申报一类新药的产品进入临床研究，如新型抗艾滋病海洋药物"911"、抗心脑血管疾病药物"D-聚甘酯"和"916"等，国家二类新药治疗肾衰药物"肾海康"等。

利用祖国传统医药学的成就，对在古代中医药文献中记载可以药用且经长期临床实践证明确有疗效的海洋生物，在中医药理论的指导下，应用现代的提取、分离、纯化技术并配伍其他药物，按照国家新药审评的一系列要求进行研究开发，已取得可喜的成绩。目前，我国以海洋生物制成的单方药物有 22 种，以海洋生物配伍其他药物制成的复方中成药 152 种。这些药物将中医药传统理论与现代医药学及高新技术融为一体，在临床上发挥了重要作用。如中国海洋大学使用高科技手段，研究开发出海洋药物藻酸双酯钠系列产品；深圳海王集团以海洋药物开发为中心，推出了金牡蛎、海胆皇、泰瑞宁、金樽护肝解酒片等10余个新药及海婴宝保健品。厦门海洋渔业公司与海洋局三所合作研制出了具有治疗和保健功能的海洋宝系列产品。

现代生物技术对海洋药物的创新起到了不可代替的作用，海洋药物的研究在近年来有了突出的进展，中山大学化学系在从南海的海绵、海藻、珊瑚等生物中获得100多种新化合物的基础上，又发现有显著生理活性的三丙酮胺、喹啉酮系列物、内酯二萜系列物、环肽类、神经酰胺等新化合物。这些化合物在治疗心血管系统疾病、抗肿瘤、调节人体机能等多方面表现出较强的生理活性。海洋药物的药理、药效、毒理研究也取得了可喜的成绩。如中科院海洋所将基因工程应用于藻类研究，开发出具有抑制肿瘤生物活性的藻兰蛋白；上海第二军医大学研究河豚毒素（TTX）单克隆抗体，为TTX的微量检测提供灵敏的工具试剂，并为进一步开发河豚毒素的药用价值提供了基础；山东海洋药物研究所与复旦大学遗传研究所共同合作，利用基因工程研制强心多肽海葵素（anthopleurin），以期解决天然来源稀少和含量低的难题。

二、海洋药物资源开发与利用展望

21世纪的海洋生物技术，经历了近半个世纪的探索和发展，已经获得了许多宝贵的经验积累和丰富的研究资料，将向着水产养殖、天然产物获取和新能源开发三个方向发展。海洋生物技术的兴起，再加上现代的化学研究方法与多种生物技术越来越紧密地结合，这大大繁荣了海洋药物的研究与开发。

（一）海洋药物资源开发研究重点领域

当前海洋药物资源的研究热点集中在海洋活性天然产物的研究及新药研究、海洋多糖的研究及新药开发、海洋微生物的研究及新药开发和海洋生物基因工程技术的研究等四个方面。①增强海洋天然产物的活性；以基因工程、细胞工程和酶工程为手段，培育出生长快、活性高、抗病性强的海洋药材新品种，并利用生物技术防治海洋药材人工养殖中的病虫害。②加强海洋微生物药物的开发；③开发海洋生物细胞工程药物；选择海藻细胞为突破口，通过筛选和改良，选取药用价值高的细胞株，利用相应的生物反应器，进行规模化生产。④开发海洋生物基因工程药物。用细菌、酵母、蓝藻作为表达系统，选择海洋生物中药理活性强的多肽和蛋白质类物质为突破口，开展基因工程研究，促进基因工程药品的发展。如不仅从受体生物中分离纯化单一成分的目的产物，还可以直接以海产品为口服性药物，进行海洋基因工程疫苗研究。目前，海洋生物制药主要通过海洋药物基因工程，包括：将海洋药物基因转入陆地生物中表达、将来自陆地的药物基因转入海洋生物中表达、将海洋药物基因转入海水养殖生物中表达。

目前已经从各类海洋生物中发现了 3 万种以上的活性物质，在此基础上研究开发出了许多海洋生物药物，其主要药理作用包括抗肿瘤、防治心脑血管疾病、抗艾滋病、抗菌、抗病毒、延缓衰老及免疫调节功能等。现已开发的海洋药物已在治疗癌症、艾滋病、心脑血管病、老年痴呆症等一些至今仍困扰人类的疾病方面显示出巨大的潜力。

（二）海洋药物资源开发与利用展望

随着人类对海洋资源的依赖和开发，海洋生物技术的研究及应用对生产生活的影响日益增加。海洋生物技术是海洋药物产业化的主导技术和关键手段，随着生物技术向海洋生物研究领域的渗透，现代生物技术应用于海洋药物的研究，改变了以往单纯从海洋生物中提取活性物质制药的模式，解决了海洋药物开发中规模化和合理化的矛盾，使生物技术制药进入一个新的时代，为海洋科学和制药产业的发展以及人类可持续地开发海洋资源开辟了新的道路。当前，我国海洋生物产业发展正处于由起步向全面迈入产业化崛起的关键时期，应在资金和技术两方面加大投入，保障其持续发展。在增加政府公共投入的基础上，可吸引社会风险投资，支持企业产品研发，同时提升企业自主研发能力，逐步形成以市场为导向、企业为主体、高校和科研院所为支撑、其他社会资源为补充的技术创新体系。高度重视人才的培养和引进、加强官、产、学、研相结合的方式，促进我国海洋生物制药产业的快速发展，为人类的健康做出贡献，使海洋生物制药产业在我国经济乃至世界经济中占有一席之地。然而，我们在回顾以往成就的同时，自然会发现海洋药物研究与开发还存在以下问题：一是已发现的药用海洋生物品种十分有限，目前 174 种海洋药物中的 80% 来自沿海或近海，与古代相比虽然有发展，但与我国 18000 多千米海岸线、300 多万平方千米海区面积、南北纵跨热带、亚热带、温带的海洋资源总量相比不太相称。特别是微生物、浮游生物的开发偏少。二是一类新型海洋药物十分罕见，这与我们新药开发的总体水平一致，创新有待加强，仅仅在剂型上的改进已远远不能满足今后的自身发展与国际竞争需要。三是海洋药物在重大疾病治疗方面的潜力还没有得到应有的发挥。

预计我国未来还将形成深海养殖产业、生物资源评价和保护产业、海洋鱼类疫苗产业等新型的海洋生物产业，因此，海洋生物产业将成为未来中国生物产业发展的重点领域之一。从可持续发展的角度看，我们在看到海洋药物的巨大潜力的同时，也应注意避免海洋生态系统被破坏。现代生物技术应用于海洋药物的研究，使生物技术制药进入一个新的时代，为海洋科学和制药产业的发展以及人类可持续地开发海洋资源开辟了新的道路。

第八章 海水资源、矿产资源与海洋能资源的开发

海洋约占地球面积的71%，海洋国土是国土资源的重要组成部分。由于世界人口的增长及陆地资源的日益缺乏，人们已把开发的目光转向海洋。我国是世界上海洋资源最丰富的国家之一，凡世界大洋具有的资源，我国近海海域大都具备，海洋资源开发潜力巨大。其中，海水资源、矿产资源以及海洋能资源是人们比较熟悉的资源。因此，对这些资源进行开发有利于我们更好地利用海洋，保护海洋。

第一节 海水资源的开发

一、海水资源开发的必要性

我国实行改革开放以来，沿海地区先后建立了经济特区，并逐步开放了沿海14个城市，使沿海地区经济有了飞速发展，为全国的改革开放起了榜样作用，带了好头，对全国的经济起了促进作用，加快了内地的开放进程。但经济高速发展的同时，沿海地区资源缺乏的矛盾也日益突出出来，尤其是我国沿海北方的一些大城市、特大城市淡水资源严重缺乏，阻碍了北方沿海地区经济的发展。

我国淡水资源非常丰富，地表水资源总量为2.7万亿立方来，仅次于巴西、苏联、加拿大、美国，居世界第五。但我国人平均仅及世界人均的1/5左右，人均占有量贫乏。另外我国水资源地区分布不均匀，东多西少，而东部又是南多北少，北方除东北东部以外，其余广大地区则是普遍缺水，沿海地区特别是长江以南的北方沿海城市基本严重缺水，而这些地区是区域经济发展的重

心所在。随着经济的发展及城市规模的不断扩大，水资源缺乏的矛盾日益突出，供需矛盾极为尖锐。由于缺水使一大批企业在用水高峰期被迫限产、停产，一些中外合资项目虽经国家批准也只能停建或缓建，为了缓解水资源的供需矛盾，北方沿海各地采取了种种措施。如：大量超采地下水，其结果导致海水倒灌、水质恶化、地面下沉；跨流域调水，如：引滦入津、引黄济青等。虽然在一定程度上缓解了这些地区水资源的供需矛盾，但因引水距离较长（100~200km），水量有限，无法从根本上满足城市淡水的需要；强化管理，节约淡水，是一种解决水资源不足的重要措施，但因潜力毕竟有限，而且资金和技术的难度也将增大。这样看来，解决北方沿海地区水资源短缺问题的出路关键是海水资源的开发利用。

海洋中数量最大的资源是海水，开发利用海水以取代淡水，是现代海洋开发的一项重要内容，是保证沿海开放地区经济持续发展的一项重要措施。二十世纪六十年代以来，世界上出现了开发海洋的热潮。另外，海水中化学资源和矿产资源也很丰富，海水中还溶存着80多种元素，如：碘、钠、锂、铀等元素具有极重要的开发价值。固体矿物含量也很高，每立方海水中含3750万吨，其中以氯化钠为最多，约3000万吨，镁约450万吨，可供开展海水综合利用。这些资源多为我国陆上紧缺资源，有些每年要花几千万美元进口，开发海水资源的同时，开发利用海水中的化学元素资源，可以满足有关企业对这些资源的需要，进一步促进沿海地区经济的发展。

二、海水资源开发现状

我国海水资源开发利用主要包括以下几个方面。

（一）海水淡化

海水淡化是指从海水中获取淡水的过程，是解决淡水资源短缺的重要途径。经过半个多世纪的发展，海水淡化技术已经成熟，海水淡化产业作为新兴朝阳产业正蓬勃发展。目前，世界上已有40多个国家和地区发展了海水淡化产业，海水淡化已经成为日本、美国、以色列、新加坡、西班牙、加勒比海各岛国等地水资源来源的重要途径。

影响海水淡化成本最重要的三个因素为给水盐度水平、能源成本以及工厂规模。给水中含盐度的增加将导致成本的增加，因为这将导致海水淡化需要更长的时间或者需要适用更多的设备。通常情况下，海水淡化的成本3~4倍于淡盐水脱盐的成本。总的来看，虽然海水淡化成本较为高昂，但是由于淡化技术的改进、可再生能源的使用以及规模效益、竞争的影响，在未来海水淡化成本应该还会下降。

（二）海水直接利用

海水直接利用，即以海水为原水，直接替代淡水作为工业用水和生活用水，海水直接利用在缓解沿海城市用水紧张方面占有重要地位。海水直接利用方面，最为广泛的就是大生活用水和工业用水。大生活用水主要指海水冲厕、海水消防等，工业用水指海水直流冷却、海水循环冷却和海水脱硫等。

全世界海水冷却用水量占到海水取用量的90%以上，世界上拥有海水资源的国家，都采取海水作为冷却用水，其用量占工业总用水量的40%~50%。尤其是日本，20世纪30年代就开始使用海水作为工业直流冷却水，目前几乎所有的沿海钢铁、化工、电力企业都采用海水直流冷却技术，年利用海水量达3 000亿吨。美国每年海水冷却用量约为1 000亿立方米。①

在我国，海水直流冷却技术已得到推广应用，海水循环冷却技术已进入万立方米/小时级产业化示范阶段，有关指标（如海水利用中碳钢的腐蚀控制指标）居世界先进水平；沿海一些火电厂开始应用海水脱硫。火电厂和核电厂直接利用海水作为工业冷却水已有一定规模。

此外，我国在利用海水灌溉蔬菜、冲厕、利用海水淡化废液建造"人工死海"等方面取得了成功。

（三）海水在工业中的应用

在工业生产中，海水可不经处理直接使用，如：冷却用水、海水除尘、选矿生产、消防用水、原料和废料的运输、反应减缓剂和溶剂等。海水在我国的工业中主要被用作冷却用水，沿海大城市以海水作冷却水的企业有一百多家，年利用海水总量超过40亿 m^3，目前我国利用海水的范围已开始扩大到电力、冶金、化工、机械、印染等部门。

三、海水资源开发中存在的问题及应对策略

（一）海水开发用中存在的问题

1. 海水资源开发资金不足，技术力量分散，影响了海水资源开发的深度

海水资源的开发，特别是海水利用技术的研究、海水淡化、海水化学元素的提取等，都属于资金技术密集型的产业，非一个厂家、单位所能单独承担

---

① 孙吉亭等. 海洋产业资源与经济研究［M］. 北京：海洋出版社，2010.

的。这就在很大程度上限制了海水利用的深入开展。

2. 政府对开发利用海水重视不够

目前政府对开发海水资源（生物资源、矿物资源、港口建设、制盐业等）比较重视，各产业都由专门的部门负责管理，而对海水资源开发中的海水淡化、海水直接利用、海水化学元素提取等重视不够，没有专门的机构负责，使研究单位、产业部门之间缺乏协调、地区之间缺乏协调，造成开发成本较高，技术不能及时推广，影响了行业的发展。

3. 制盐业面临发展困境

我国制盐业历史悠久，目前仍有很多盐田是中华人民共和国成立前留下的老滩田，盐田开发时间长，设备老化，单产下降，技术更新未能跟上时代发展的步伐，抗灾能力低，总产不稳定。另外，由于经济的飞速发展，使沿海地区城市、旅游业、港口建设、石油开采等项目都争相发展，造成各行业争地、争滩涂的局面，使制盐业的发展受到很大影响。

（二）海水资源开发的策略

1. 制定相应的政策法规，推动海水资源的开发

把海水利用纳入节水管理中，首先要在沿海地区工业用水大户中，规定其应用海水的比例，对沿海地区新建、扩建的工业用水大户，必须首先考虑使用海水，对能用海水而不用的企业不予立项。对大量利用海水的单位在技术改造、技术引进给予信贷、税收方面的优惠，切实做到多用海水多受益。对尝试用海水灌溉耐盐作物的农业生产项目亦应给予信贷和其他方面的政策优惠。

应把海水化学元素的提取和海水淡化作为高科技项目，适当增加投资，争取近期突破关键性技术，同时继续实施对盐业企业的优惠政策，狠抓现有盐田的技术改造，走扩大再生产道路。

2. 把海水资源开发作为一项战略措施

充分认识海水资源对人类的重要性是提高全民族海洋意识的内容之一，也是海水资源得以开发利用的前提。必须把它作为解决沿海地区水资源短缺的措施，把它列入国家和地区经济发展战略中，以保证沿海地区经济的持续发展。

3. 建立海水资源开发利用基金，确立正确的海水资源开发技术路线

要开发利用海水资源，除了要有相应的政策支持外，还要有资金来源，应由国家、地方、用户等多方联合集资，建立海水资源开发利用基金，帮助企业攻克技术难关及引进国外先进技术，扶持海水开发产业的发展。设立海水利用工程无息或低息贷款项目，鼓励有条件的单位多上海水开发项目。

海水淡化、海水化学元素提取及海水直接利用的研究，都必须加以论证，选择正确的技术路线，立足于我国的基本国情。

4. 成立专门的研究机构，制定综合开发规划，即时推广、应用新的科研成果

海水资源开发属于技术密集型的产业，很多技术难关的攻克，要借助于联合攻关的优势，利用沿海城市科研力量雄厚的优势，把各地区、各单位的科研、试制、制造、安装等技术力量组织起来，协同攻关、共同推动海水资源的开发，逐步完善基础研究、应用研究和开发研究相结合的科技体系。同时，利用各种新技术，组成科研生产联合体。

5. 建立沿海地区海水资源综合利用体系

海水资源开发的主攻方向，应当在单位技术过关后向综合开发利用的工艺技术方向发展。应把发电、海水直接利用、海水淡化、海水制盐及化学元素提取等结合起来，这样既可以有效地降低生产成本，提高海水资源的经济效益也可以更充分利用资源，保护环境。具体地讲，在把耗水量大的企业布局在沿海的同时，以沿海电厂为龙头带动海水资源综合利用，形成能源—淡化—盐化工生产综合体。即首先把海水作为电厂的冷却水；利用电厂的余热进一步淡化海水，以所生产的淡水满足锅炉用水的需要；冷却后的海水和淡化后的浓海水用于提取溴、镁，而后晒盐，提取铀、钾也可同时进行；同时进行化工产品的深加工。冷却后的海水还可以用于生产养殖。这样既解决了能源、水资源不足的问题，又可取得良好的经济效益、社会效益和环境效益。

目前可在沿海地区选择条件好的地点建立海水综合开发利用基地，建立开发示范厂，探索海水综合利用的经验。

第二节　海洋固体矿产资源的开发

一、矿产资源的定义与种类

（一）矿产资源的定义

矿产资源是一种自然资源。矿产资源是指赋存于地球内部或地壳上及其水体中的天然产出的固态、液态、气态物质的富集体，该富集体是从经济角度具有开采价值、从技术角度具有利用价值的无机或有机体。

海洋中的矿产资源不仅包括通常意义的固体矿产，并且还包括呈固态、气

态和液态溶于水体中并具有开采价值的无机或有机矿物质。

(二) 矿产资源的种类

对矿产资源进行分类，主要是为了便于人们加深对各种矿产的认识，并为生产实践和科学研究服务。分类的主要依据是矿产本身所具有的特点。从人类开采利用的角度出发，从矿产资源为人类提供的物质、能量属性来看，矿产资源归纳为两大类，即提供燃料的能源资源和提供原料的物资资源。

①燃料矿产（能源矿产）：化石燃料包括煤炭、石油、天然气以及天然气体水合物等，核燃料包括核裂变燃料铀、钍以及核聚变燃料锂、氘、氚和氦；

②原料矿产：金属原料包括黑色金属（包括铁和加入铁中能冶炼成不同的合金钢的那些金属）：铁、锰、铬、镍、钼、钨等；有色金属：铜、锡、铅、锌、锑、汞、金、银等；非金属原料包括建筑材料、化工原料和其他工业原料，例如金刚石、宝石等。

从适应现今工业生产体系的角度，矿产资源可以首先分为两个大类。

①金属矿产：包括黑色金属、有色金属、稀有金属、放射性金属等；

②非金属：包括化石燃料、各种化工原料、建筑材料等。

在世界矿业生产总值中，燃料大约占 70%，非金属原料大约占 17%，金属原料约占 13%。

二、海洋固体矿产资源的开发策略

在世界主要经济发达国家抢先占领有利的海上经济地位，把海洋作为未来经济的热点和增长点的形势下，我们应当急起直追，除国家做好战略规划和部署之外，至少应当做到：

1. 制订规划，保护资源，合理开发利用：做到有长远设想，也有近期安排，统一规划，统一管理，做到有计划有步骤地组织生产，以杜绝采富弃贫，采易弃难，采浅弃深的状况造成的资源浪费和环境污染。

2. 提高调查程度，寻找新矿源，探明更多的储量：资源储量的多少是经济发展快慢的主要因素之一。建议加强对矿床成因、成矿条件、富集规律和沉积特点的研究，扩大找矿方向和调查范围，开展国际合作，引进先进技术和设备，深化和扩大海上调查工作。

3. 扩大生产，更新设备，提高经济效益：为了扩大生产规模，增加产量，国家应适当增加对矿山建设的投资，扩展融资渠道，提高自动化程度和机械化作业水平，提高劳动生产率。

4. 加强探、采、选、冶各环节的研究；搞好综合利用、增加经济效益的重要一环：应建立专门专业技术队伍，适当引进先进技术装备，扭转技术落后的局面，达到最大限度地利用海底矿产资源。

三、中国海洋固体矿产资源可持续开发的建议

实现海洋固体矿产资源的可持续利用必须做到通过不断提高海洋资源的开发利用水平及能力来实现科学合理地开发利用海洋固体矿产资源，统筹兼顾资源开发与环境保护以维护海洋资源生态系统的良性循环，实现海洋资源与海洋经济、海洋环境的协调发展。

（一）加强海洋公益性地质工作，不断增强海洋地质矿产勘探水平和力度

海洋固体矿产资源开发必须要以海洋地质工作为先导，我国海洋地质工作应坚持以"国家利益与环境保护"并重，以国家需求为导向，努力改善装备，吸纳培养人才，按照"精干高效、装备精良、专业全面、水平一流"的发展方向，在国家基础性、战略性和公益性的综合海洋地质调查和研究工作上不断增强我国海域地质矿产勘探水平和力度，尤其是资源评价和普查勘探力度，努力扩大找矿领域。此外，海洋公益性地质调查工作要与商业性矿产勘查开发相结合，做好基础资料的服务工作。

（二）制定海洋矿产资产开发利用规划，不断增强海洋固体矿产资源管理水平

对我国海域矿产资源调查摸底的基础上，要尽快制定我国海洋固体矿产资源开发利用规划。在规划中要对我国海域的优势矿种加以保护，根据国民经济发展需要合理安排各类矿产资源的开发利用，特别是要对全国各类海区进行统筹规划。

我国海洋固体矿产资源管理中要加强有偿使用、持证开采、落实环境保护责任等措施，如在海砂开采中，要根据《中华人民共和国矿产资源法》《国家海域使用管理暂行规定》《海砂开采使用海域论证管理暂行办法》等法律法规，规范海砂管理程序，明确要求取得矿产资源勘查证、海砂开采海域使用证、海砂开采许可证三证齐全的才是有效的、合法的开采行为。

（三）加强海洋矿产资源开发的宏观调控与政策引导

中国海洋矿业是一个新兴的产业，海洋固体矿产勘探开发正在不断深入。政府部门应该加强对海洋矿业的宏观调控与政策引导，鼓励、促进该行业健康、有序地发展。可以通过加强矿产资源国家所有以制止海洋矿业中的无偿、

无序开采；可以通过统一规划、区划和采取因地制宜的措施以构建合理海洋矿业布局；可以制定合理的财税政策促进此类高风险、高投入行业的加快发展；坚持开发与整治相结合的原则，在鼓励资源开发的同时努力保护海洋生态环境；制定并实施国家的海洋固体矿产资源开发战略；加强海洋法规建设，维护海洋资源开发秩序，维护国家海洋资源权益。

（四）加强高新技术法研究与开发，努力推广并实施清洁生产

对于我国海洋矿业企业而言，要围绕提高资源开采利用水平、降低开采成本、努力保护环境等来采取多方面的措施。第一，要加强海洋固体矿产资源开发利用高新技术研究与开发，如油气开采中要研究开发一批海底探查、油气资源勘探技术，重点发展深海遥控油气开发技术；海滨砂矿开采要加强高精度、高质量和高分辨率的探测仪器和测试技术的攻关与引进开发。第二，要加强国际合作。海洋矿业是高科技产业，科技、资金投入高，风险也高，要坚持走自我开发与国际合作并举的道路，努力吸收国外的先进技术和资金。第三，要树立保护海洋环境的意识，努力在企业中推广实施清洁生产，尽可能地减少对周围海域环境的污染和破坏。

第三节　海洋油气资源的开发

一、基本概念

油气资源也就是石油。最早提出"石油"一词的是公元 977 年中国北宋编著的《太平广记》。正式命名为"石油"是根据中国北宋杰出的科学家沈括（公元 1031—1095）在所著《梦溪笔谈》中根据这种油"生于水际砂石，与泉水相杂，惘惘而出"而命名的。在"石油"一词出现之前，国外称石油为"魔鬼的汗珠""发光的水"等，中国称"石脂水""猛火油""石漆"等。

人们所说的石油到底是什么？1983 年第 11 届世界石油大会上，对石油给出了较为明确的定义。

石油（petroleum）：广义的石油是指储存在地下岩石孔隙介质中的可燃有机矿产，其相态有气态、液态、固态及其混合物，主要成分为烃类（碳氢化合物），其分子结构有链状和环状，链状分子结构的碳氢化合物称为烷烃，环状分子结构的碳氢化合物称为环烷烃或芳香烃，包括原油、天然气，狭义石油

指的是原油。

1. 原油

原油（crude oil）是指石油的基本类型，储存在地下储集层内，在常压条件下呈液态。其中也包括一小部分液态的非烃类组分。原油的化学元素主要是碳、氢、氧、氮、硫，其中碳和氢所占的比例最高，含碳84%～87%，含氢12%～14%，剩下的1%～2%为氧、氮、硫、磷、钒等元素。这些元素的大多数都是以化合物的形态出现。我们可以把石油中名目繁多的化合物分成两大类，一类是由碳、氢元素组成的化合物，即通常称为烃类的化合物，如链烷烃、环烷烃、芳香烃，这是原油的主要成分。另一类是含氧、氮、硫的非烃化合物，如含氧的酚、醛、酮；含氮的叶琳；含硫的硫醇、噻吩等。

2. 天然气

天然气（natural gas）也是石油的主要类型，呈气相，或处于地下储集层条件时溶解在原油内，在常温和常压条件下又呈气态，其中也包括一些非烃组分。广义上来说，天然气除了以碳氢化合物组成的可燃气体外，凡经地下产出的任何气体都可称为天然气。如二氧化碳气、硫化氢气等。

我国习惯上把天然气分为气层气、伴生气和凝析气三种。

气层气也叫气田气。它是指在地层中呈气态单独存在，采出地面后仍为气态的天然气。例如，我国四川庙高寺等地、陕甘宁盆地中部（以下简称陕北）的天然气均属于气层气。气层气的甲烷含量一般在90%以上，其他组分为乙烷、丙烷，以及二氧化碳、氮、硫化氢和稀有气体（氦、氩、氖等）。低热值约为 $34500 \sim 36000 kJ/Nm^3$。

伴生气也叫油田气。它是指在地层中溶解在原油中，或者呈气态与原油共存，随原油同时被采出的天然气。例如，我国大庆、胜利等油田所产的天然气中大部分都是伴生气。华北油田向北京输送的天然气中，也有一部分是经过净化处理的伴生气。伴生气中甲烷含量一般约占65%～80%，此外还有相当数量的乙烷、丙烷、丁烷甚至更重的烃类。低热值约为 41500—43900kJ/Nm3。

凝析气是指在地层中的原始条件下呈气态存在，在开采过程中由于压力降低会凝结出一些液体烃类（通常叫作凝析油）的天然气。例如，我国新疆柯克亚的天然气就属于凝析气。华北油田向北京输送的天然气中，除前边提到的伴生气外，还有相当一部分是经过净化处理的凝析气。凝析气的组成大致和伴生气相似，但是它的戊烷、己烷以及更重的烃类含量比伴生气要多，一般经分离后可以得到天然汽油甚至轻柴油产品。凝析气的低热值约为 $46100 \sim 48500 kJ/Nm^3$。

3. 天然气液

天然气液（natural gas liquids）是天然气的一部分，从分离器内、天然气处理装置内呈液态回收而得到。天然气液包括（但不限于）甲烷、乙烷、丙烷、天然气汽油和凝析油等，也可能包含少量非烃类。

凝析油是指凝析气田天然气凝析出来的液相组分，又称天然汽油。其主要成分是 $C_5 \sim C_8$。烃类的混合物，并含有少量的大于 C_8 的烃类以及二氧化硫、噻吩类、硫醇类、硫醚类和多硫化物等杂质，其馏分多在 20~200℃ 之间。

二、海洋油气开发对海洋经济环境带来的影响

在整个海洋油气开采过程中，产生的各种废弃物都直接排到了海洋中，这使海洋环境受到了极大的破坏。与此同时，海洋上油气事故频繁发生，油气泄露使海水受到了极大的污染，海水清洁难度极大。这些污染对渔业、旅游业、交通运输业都将造成巨大的影响。

（一）海洋油气资源开发对渔业的影响

浅水海域经常是各类鱼虾蟹的产卵旺地，鱼卵和仔鱼对石油的污染特别敏感。若为浮性鱼卵，那么它们遭受污染的概率将更大，石油中的有害物质能直接将它们杀死。若在海水渔业养殖区发生石油泄漏，所造成的后果将难以想象。此外油气开采对海水养殖也有影响。实验表明，海水中油浓度超过 0.01mg/L，鱼体便会出现异臭，影响到养殖鱼种的质量。海洋软体动物和甲壳类动物更能积累石油烃，若虾食用这些污染后的动物，将导致减产并影响品质。

（二）海洋油气开采对沿海旅游业的影响

每一种旅游资源的发展都要以清洁的环境做基础，石油勘探开发给海洋环境所带来的危害可能成为限制旅游资源发展的因素。旅游业对环境的要求非常高，滨海风景区的水质应按照《海水水质标准》（GB3097-1997）满足三类海水水质，沙滩浴场、与人体直接接触的水上运动应该满足二类海水水质。若在旅游区发生石油泄漏，将造成海水质量下降，滩涂遭受损害，影响游人的视觉观感，甚至使接触海水的人们染上皮肤病，给当地带来巨大的经济损失。

（三）海洋油气开采对海洋交通运输业的影响

海洋交通运输能给当地带来巨大的经济效益，河北的曹妃甸港口是一个大型的海洋港口，港口包括液化天然气、煤炭、矿石等 76 个码头，多种泊位并

存，单体工程量大，以海洋港口为主的交通运输业已成为当地的支柱性产业。然而码头在带来巨大的财政收入时亦面临着环境风险，一旦溢油事故发生，控制清理措施将给航运带来干扰，造成延误。若燃油为轻质油等其他易燃油时，还会存在火灾的危险，影响其他海洋产业的生产。

二、海洋油气资源开发的内容与特点

（一）海洋油气资源开发的内容

海洋油气资源的开发包括开发钻井、完井采油、油气分离处理和油气集输等四个主要环节，开发钻井是继勘探钻井之后，为开采油气所进行的钻井，即为钻生产井。海上石油生产与陆地上石油生产所不同的是要求海上生产设备体积小、重量轻、高效可靠、自动化程度高、布置集中紧凑。一套全海式的油气生产处理系统包括：油气计量、油气分离稳定、原油和天然气净化处理、轻质油回收、污水处理、注水和注气系统、机械采油、天然气压缩、火炬系统、油气贮存及外输系统等。

（二）海洋油气资源开发特点

海洋油气资源的生产过程一般分为勘探和开发两个阶段。海上勘探原理和方法与陆地上勘探基本相同，也分普查和详查两个步骤，其方法是以地球物理勘探法和钻井勘探法为主，其任务是探明油气藏的构造、含油面积和储量。普查是从地质调查研究入手，主要通过地震、重力和磁力调查法寻找油气构造。在普查的基础上，运用地球物理勘探分析了解海底地下岩层的分布、地质构造的类型、油气圈内的情况以确定勘探外井位。然后，采用钻井勘探法直接取得地质资料，分析评价和确定该地质构造是否含油、含油量及开采价值。

海洋油气资源勘探和开发有以下几个主要特点。

1. 勘探方法的特点

海洋地球物理勘探技术与装备与陆地截然不同，海洋地震勘探必须采用专门的船舶，采用大功率、高压空气压缩机组等装备产生和释放高能力地震波，穿透 6000~10000m 以上的海底地层，由漂浮在离水面一定深度的多道检波电缆接收。而陆地则多用放炮或可控液压、机械震动的震源，效率比海上低很多，然而海洋地球物理勘探的成本也是十分高昂的。

2. 钻井工程的特点

在海上钻井要比陆上复杂得多，因为在海上要到海洋平台上钻井，根据不同的水深，需要采用不同的钻井平台。海上钻勘探井和开发井，必须采用专门

的钻井平台（船）、大功率的海洋钻机、适应船体升沉平移运动而保持船位与钻压的专用钻井水下与水面设备，其每口井的成本要比陆地钻井高 5~10 倍。

3. 油气集采输的特点

海上采油与集输，都需要适应海洋的特殊环境，采用与陆地差异很大的高技术性能的采油、集输工艺和装备（如各类生产平台和海洋采油装置等），随着海上工作水域深度的增加，成本也在快速增加。

4. 工作环境的特点

海上钻井、采油作业者的作业器材和生活物资，都需要用船舶和直升机运送，与陆上相比。海洋有狂风巨浪，受海洋环境影响大，装备和设施极易遭到损坏，另外作业空间也比较狭窄，作业费用和人工成本平均投入高很多。

三、中国南海油气开发分析

（一）中国在开发南海油气资源中遇到的问题

1. 后勤保障问题

南海的岛礁远离中国本土，比如南沙岛礁距离海南岛尚且都在 1000 多公里，曾母暗沙更是距离华南大陆 2000 公里左右。如果中国要在南海海域进行油气资源开发，首先要解决的问题就是后勤保障问题，缺少强有力的后勤补给条件，那么就很难在南海油气开发上"大展拳脚"，即使勉强开展油气作业，取得的效果也是有限的。后勤保障虽然没有直接参与南海油气开采活动，但它却是相关活动开展的保障，尤其是在南海，要开展油气作业，就必须有充分的物资支持，工人们的衣食住行这些都需要后勤来进行保障。后勤保障对前线油气开采作业来说，就是提供"弹药"的战后方，如果缺少及时的物质保障和服务保证，油气的开采工作将会失去基础和动力，一切将无从谈起。目前，由于南海岛礁情况特殊恶劣，如何经济解决南海油气开采的后勤保障问题，还存在一定的争议。

2. 油气转运问题

中国在南海油气开发中，要面临的另一个重大问题是油气转运问题。比如从南沙岛礁到海南岛最近的距离也要 1000 多公里，所以石油开采出来首先面对的是如何从海上运输回到陆地上的问题。当然，国内有很多人提出可以铺设管道，但是那么远的距离，要想铺设管道，除了成本很大之外，技术也不成熟，尤其是南海中部是深水海盆，即使铺设管道也存在着技术风险。第二种方法是用船运回石油。由于距离太远，又是海上运输，再加上油气的存储问题，用船运油似乎也不太理想。第三种方法是向附近的国家借道。但依我国目前跟菲律宾、越南等国家的关系，在南海问题妥善解决之前是不可能的了。

3. 技术不成熟

我们国家的中石油、中海油虽然不远千里去过南非采油，有着一定的海上采油经验，但一般都是近海作业，油气转运技术、开采油气技术等方面都没有存在太大的问题。而南海岛礁环境恶劣，距离海南岛又远，属于远海作业，以我们国家目前的油气开采技术来说，要顺利地开展油气开采活动，存在着一定的困难。

4. 采油平台的安全与保证问题

海上采油平台相当于发电机的机房，不仅一切油气开采活动的开展要依附于它，而且也关系到开采人员的人身安全。如果海上采油平台没有安全保证，油气开采活动就不能顺利地进行。

(二) 中国在南海油气资源开发中的对策建议

1. 进一步加强对西南中沙群岛的行政管辖

南海是中国的固有海域，因此，在南海"油气"开发问题上，我们要进一步强化中国在西南中沙群岛的行政管辖，体现基层政权在南海的存在，发挥基层维权力量的特殊作用。海南地处南海，与南海诸岛一起共同组成了中国国家安全的天然屏障。

2. 加大海南在南海油气开发中发挥的作用

（1）为南海油气开发提供充分的后勤保障

俗话说得好："兵马未动，粮草先行。"这虽然讲的是后勤工作在发生战争的重要性，但是油气开发的后勤保障也是如此。南海油气开发大多数属于深海作业，工作条件艰苦，职工的后勤生活保障，包括就医，衣食住行都依赖于离南海最近的海南岛。海南省应南海油气开发后勤服务基地，并配设专职行政管理人员，下设职工食堂、招待所等，这种后勤服务方式，这样不仅可以为南海油气资源勘探、开发提供了必要的后勤保障，而且也为开采人员及相关人员创造了必要的生活条件。

（2）为南海油气转运和物资中转提供服务

海南省除了具有众多大型的天然良港码头外，海南岛海陆空主体交通体系正在逐步建成。海南省应积极推进"四方五港"（东部清澜港、南部三亚港、西部洋浦港、北部海口港和八所港）和专业化码头建设，为南海油气和物资运输提供装备设置和维修服务。由于南海距离海南岛比较远，在运输石油或物资的过程中可能会出现运输工具故障，或者油气储存不当等方面的问题，海南省就可以利用这些港口为油气转运和物资中转。为了满足以上需求，海南省需要在这些港口建立运输工具维修服务基地（一般是船舶维修），还随时准备替换运输工具，以备不时之需。

（3）为南海油气开发培养深海技术的人才

海南省地处南海前沿，在发展深海科技和应用技术领域具有先天的优势条件。海南省应借助中科院在三亚建立深海科学与工程研究的契机，加大对深海科技的重视和投入力度，加强深海技术的产业化培育和人才培养，力求提升海洋经济开发的精细化运作水平，为南海油气资源开发提供开采技术和技术人员，使海南在南海油气资源开发上形成"深耕海、耕深海"的优势局面。

（4）建设南海海上石油平台服务基地

海南省应加强海南本岛油气开发服务基地建设，为海上石油钻井平台和各类船舶作业提供相关服务。油气资源开发与平台服务基地可以以洋浦为主的西部组团、以三沙市为主的海洋组团以及海口为主的北部组团来建设。海南省可以考虑建设一系列的油气化工项目，与国内的石油公司例如中海油、中石油加强合作，促进油气化工项目的建设，建成以洋浦经济开发区为代表的油气化工产业基地，为海南省进一步发展海洋油气产业打下良好的基础。

第四节　海洋能资源的开发

一、海洋能资源的分类

（一）潮汐能

潮汐能主要是月球和太阳对地球海水的引潮力作用引起的海水周期性涨落时所具有的能量。潮汐现象每天都发生，白天涨落时为"潮"，晚上涨落时为"汐"，每个月有两次大潮和两次小潮。其利用原理和水力发电相似，潮汐能的能量与潮量和潮差成正比，或者说，与潮差的平方和水库的面积成正比。水力发电利用的是高水头的势能，相对而言，潮汐能的水头较小，能量密度很低，相当于微水头发电的水平。根据平衡潮理论，大洋中的潮汐海水涨落一般为 $0.8\sim1.0m$，但遇到特别的地理位置，如喇叭口形状的港湾河口，水面束狭，水深变浅，海水涨落十分明显，大潮潮差可达 15m 以上。

（二）波浪能

波浪能是指海洋表面波浪所具有的动能和势能。波浪的能量与波高的平方、波浪的运动周期以及迎波面的宽度成正比。波浪能是海洋能源中能量最不稳定的一种能源。波浪能蕴藏量很大，每平方千米海面，波浪的功率可达 100~200 MW。据估计，全球海洋的波浪能理论蕴藏量达 700 亿千瓦，可供开发利用的波浪能为 20~30 亿千瓦，目前波浪能发电已广泛用于海上灯塔和航标灯。

（三）潮流（海流）能

潮流能是月球和太阳的引潮力使海水产生周期性的往复水平运动时形成的动能，主要集中在岸边、岛屿之间的水道或湾口。潮流与潮汐共存，潮流能的大小与潮差直接相关，与地形及水深也有一定的关系。由于大陆架具有各种结构，在海峡、岛屿等处形成很多水道，这些地方潮流特别强，例如英国、挪威、日本、朝鲜半岛、加拿大和美国等地的一些水道，潮流流速可达 4~5 m/s，具有较好的利用价值。我国舟山群岛地区岛间水道潮流可达 4 m/s，是我国潮流速度最大的地区。我国东海沿岸的一些水道，潮流流速也有 1.5~3.0 m/s。一般说来，潮汐水道的最大流速超过 2 m/s 时，便具有实际的开发价值。

由于风、温度差、密度不均及地球自转等原因，形成海水有规律地流动所产生的能量称海流能。海流能的能量与流速的平方成正比，和流量成正比。相对波浪而言，海流能的变化要更平稳且有一定的规律，并且海流有一定的长度、宽度和深度。世界著名的海流有大西洋的墨西哥湾暖流、北大西洋海流、太平洋的黑潮暖流、赤道潜流等。墨西哥湾海流和北大西洋海流是北大西洋里两支相连的最大的海流，它们以每小时 1~2 海里（1 海里 = 1852 米）的流速贯穿大西洋，从冰岛和大不列颠岛中间通过，最后进入北冰洋，其流量相当于全世界所有河流总流量的 32.5 倍。太平洋黑潮暖流的宽度约为 100 海里，平均厚度约 400 m，每小时平均流速在 1.25~3.3 海里之间，其流量相当于全世界所有河流总流量的 22.2 倍。赤道潜流是一支深海潜流，总长度达 8000 海里，宽度在 120~250 海里之间，流速为每小时 2~3 海里。

（四）温差能

温差能是指海洋表层海水和深层海水之间水温之差的热能。海洋的表面把太阳辐射的能量大部分转化成为热能并储存在海洋的上层。另一方面，接近冰点的海水在不到 1000 m 的深度从极地缓慢地流向赤道。海洋接收到的太阳辐射能有 60000 TW，其中大部分用于升高海水的温度，一小部分太阳辐射受海面反射返回大气层。赤道附近海水表层平均温度为 25℃，而水深 500~1000 米处温度为 4~7℃，因此海水上下层有 18~21℃ 的有效温差。这样，就在许多热带或亚热带海域形成终年 20℃ 以上的垂直海水温差，这是热能转换所需的最小温差，利用这一温差可以实现热力循环并发电。据估计海洋所蕴藏的温差热能达 10 TW，是目前全球发电容量的数十倍，是一种取之不尽、用之不竭的清洁能源。

（五）盐差能

盐差能是以化学能形态出现的海洋能。盐差能是指海水和淡水之间或两种含盐浓度不同的海水之间的化学电位差能，主要存在于河海交界处。同时，淡水丰富地区的盐湖和地下盐矿也可以利用盐差能。

盐差能是海洋能中能量密度最大的一种可再生能源。通常，海水（盐度 35）和河水之间的化学电位差有相当于 240 m 水头差的能量密度。这种位差可以利用半渗透膜来实现，水分子能通过这种半透膜，盐分子不能通过，因此在盐水和淡水交界处形成一个较大的水位差，利用这一水位差就可以直接由水轮发电机发电。地球上的水分为淡水和咸水两大类，全世界水总储量为 1.4×10^9 km^3，其中 97.2% 为分布在大洋和浅海中的咸水。据估计，世界各河口区的盐差能达 3×10^{10} kW. 可利用的有 2.6×10^9 kW。因此，利用大海与陆地河口交界水域的盐差能将是新能源利用的方向之一。

二、开发海洋能的重要意义

社会的高速发展使能源需求量越来越大，势必造成严重的能源危机。同时，常规能源如煤炭、石油、天然气等资源的过度开采和利用造成严重的空气污染和生态环境破坏，影响人们的正常生活和工作。在新的发展时期，积极发展清洁可再生能源已在国际社会达成共识，其中，以太阳能、风能、地热能、海洋能、生物质能和水电、核电的发展研究最为迅速。由于海洋能资源具有清洁、无污染、储量大、可再生等特点，在未来几十年内，海洋能资源将成为世界发展最快的新型产业之一。

随着我国参与全球经济程度的不断加深，以及我国在海洋科技创新方面的不断发展，海洋作为我国经济转型升级和资源综合开发利用的重要载体，其地位日益突出，在发展沿海地区经济、缓解国家能源供给压力、减少环境污染、改善能源结构，以及节能减排和应对气候变化、促进海洋经济发展等方面具有重要的战略意义。

1. 应对沿海地区能源短缺

我国沿海地区有很多有居民海岛，据统计，其中绝大部分都面临能源供应短缺的问题，如民用电力供应不足。电力供应不足是制约我国沿海及岛屿地区经济发展的一个重要因素，可见开发海洋能资源是解决海岛居民生活用电的可行措施之一，只有解决居民用电问题才能实现沿海及海岛偏远地区经济的可持续发展。

同时，国家需要对岛礁进行驻守、开发和保护，所以开发海洋能资源可以增强我国对南海及东海管辖海域和岛礁的管控能力。

2. 缓解国家能源供给压力

目前，我国主要的火电和水电供给主要来自西北和西南地区，而主要电能消费地区集中于沿海经济发达地区，特别是在人口密集地区和产业聚集区的长三角、珠三角等。这种长距离的电力输送导致出现高成本和高损耗问题。开发海洋能资源可为沿海经济发达地区提供必要的能源供给，成为缓解我国沿海地区电力供应紧张的有效途径，也为该地区的经济繁荣和社会稳定提供保障。

3. 有效调整能源结构

2011 年 5 月联合国政府气候变化专门委员会发布的《可再生能源资源与减缓气候变化特别报告》指出，在全球气候日益变暖的大背景下，调整能源结构、节能减排的任务迫在眉睫。我国沿海经济发达地区以火电为主要的电力供给，加之汽车保有量的迅速增长，排放大量的气体，为国家温室气体以及有害气体减排带来沉重的压力。

调整能源结构，重点发展多元化优质能源，特别是发展可再生能源和清洁能源，已经成为我国沿海地区经济社会可持续发展的迫切需求。而海洋能资源具有清洁、无污染、储量大、可再生等特点，和其他能源利用（如火力发电）相比，发展海洋可再生能源具有明显的优势。

三、海洋能资源开发的对策

（一）贯彻积极稳妥的方针

鉴于海洋能发电有诸多优点，我国有丰富的资源，并有优越的开发条件及较好的基础和雄厚的技术力量，但总体上又是处于发展初期的新能源，所以在宏观上应积极支持，但对具体工程的选点、可行性研究及工程立项审查要慎重。应在对站址自然环境条件经过全面深入细致地调查研究的基础上，再对候选站址的技术经济条件进行充分的对比论证后，确定工程项目。一定要吸取以往因一哄而上，选址不当，统筹规划不周和设计不合理，造成电站夭折的教训。

（二）加强海洋能资源保护

1990 年起，国家和沿海各级政府开始编制、实行与《海域使用法》配套的《海洋功能区划》，而各类海洋能开发功能有的已列入，有的未列入。但总体上对海洋能开发功能的保护不够，不少蕴藏海洋能资源的优良港湾、岸段已被火电站、港口码头等工程挤占或严重影响，已无开发的可能性，并且很多开发建设工程还在规划、建设之中。

建议把各地海洋能资源的优良港湾、岸段的"海洋能开发功能"列入海洋功能区划，并制定有效的保护政策和措施，以保证海洋能开发的需要。

（三）实行扶植和优惠政策

由于海洋能开发是新兴技术，一般情况下在经济上尚不具备竞争力。为了支持发展清洁的可再生能源，对海洋能开发应实行优惠政策。如对已实现商品化生产的海洋能电站应实行 3~5 年免征产品税、所得税，以增强自身生存和发展能力；对海洋能开发建设项目应由国家开发银行提供中长期政策性低息贷款；电力部门对由海洋能转换的电力应允许并网，应优先、优价收购，不得压价或拒收。

（四）海洋能开发与海洋工程结合

沿海各地正在和将要建设一批跨海公路、跨海大桥、防波堤和围涂造田大坝等，如能因地制宜地与海洋能开发工程结合进行，则可产生双重效果，如节省投资、缩短工期以及降低波浪、潮流发电装置在海中设计的难度等。

（五）加强资源调查研究与评价

我国之前的海洋能资源调查研究工作已过去 20 多年，由于自然演变和各类工程建设，各类海洋能资源和开发环境已发生了较大变化。为制定未来海洋能开发规划及选址等需要，应抓紧开展全海域、各类海洋能资源的调查研究评价。尤其是那些从未调查的资源和海域，如沿岸急流区的潮流能、大浪区的波浪能、港湾外的潮汐能资源等，均应在调查中给予重点关注。

第九章　海洋空间文化资源的开发

作为人类起源地的海洋，今天已是一个可供人类利用并为人类造福的巨大空间。海洋空间包括海上、海中和海底。借助于科学技术，对这些空间进行直接的开发利用，以及潜在前景的开发利用，这些统称为海洋空间资源利用。自古以来，人类就利用海洋空间从事交通运输。但是，海洋空间利用作为重要的工程技术问题。是科学技术高度发达的现代才提出来的。人口无节制的急剧增长使人类赖以生存的家园——陆地空间不断地缩小，于是，掌握了先进科学技术的人们，把目光转向了海洋空间，要把海洋空间开辟成为适于人类生存和为人类所用的第二家园。海洋空间作为一种可供开发利用的重要资源，日益引起人们的关注。

第一节　海洋空间资源的开发

一、海洋空间资源相关概念研究

通过对海洋资源相关文献的阅读，尚未发现有专门针对海洋空间资源相关定义和界定的文献。这可能会导致不同学者研究时使用不同的概念，也会致使读者对相关概念模糊不清。因此，本文就文献中大多数专家和学者使用的海洋空间资源相关概念进行综合。

（一）海洋资源相关概念研究

就海洋资源相关概念而言，关于海域及其使用权的定义比较明确。《海域使用管理法》通过法律的手段对其进行概念的明确界定：海域是指"中华人民共和国内水、领海的水面、水体、海床和底土"。《海域使用管理法》针对海域使用权也有相关描述："海域使用权是一种民事权利，指单位或个人通过法律规定的程序向国家有关部门提出申请并获取批准之后所拥有的对申请海域开发或利用的权利。"蒋步东认为，海域使用权应规划为无形资产类，除了具有无形资产本身的特征之外，还包含了资源多样性以及环保复杂性等独有的特性。王森等总结了海域使用权的属性，认为它是一种具有排他性的、以特定的开发活动为目的、使用者可享受其带来的权益、使用者经申请之后合法获得并具有法定存续期间的权利。不过目前多数学者以海域使用权的物权性为基础发掘海域使用权的特性。

（二）海洋空间资源相关概念研究

与海洋资源相关概念的界定相比，关于海洋空间资源的概念则较为模糊，尚没有一个明确的定论，多数专家和学者也只是利用其部分性质进行研究和分析。王森提到，海域的使用一直以来都是立体多层次的，而非简单平面的开发。也就是说，海洋空间资源作为所有海洋资源载体，也应该是一个三维多层次的概念，包括海洋水体垂直上方的大气、下方的海土、海床和中间的海水三个部分。

另外，王森等在《海洋空间资源性资产产权特征及产权效率分析》中指出，流动性和连通性作为海洋空间资源的独特性质使海洋空间资源具备与其他自然资源不同的特殊产权特征，包括：复杂性、非独立性和外部性等。通过以上概念进行总结，笔者认为，海洋空间资源指具有资产特性的、稀缺的、产权明确的且在一定的技术经济条件下能够给所有者带来效益的海洋空间性资源。

二、海洋空间资源的利用方式

海洋空间资源的开发利用是一项高投资、高技术、高难度、高风险的工程。一般来说，海洋空间资源包括海洋水体、水面及其上覆空间、海床、底土。海洋空间按其利用目的，可以分为：生产场所，如海上火力发电厂、海水淡化厂、海上石油冶炼厂等；贮藏场所，如海上或海底贮油库、海底仓库等；交通运输设施，如港口和系泊设施、海上机场、海底管道、海底隧道、海底电缆、跨海桥梁等；居住及娱乐场所，如海上宾馆、海中公园、海底观光站及海上城市等。目前，海洋空间资源开发呈现快速化、立体化、多元化趋势。

海上建筑物采用浮体构造法固定在海上，这种固定原理就如同把船浮留在水上一样。这种建筑物可以是商厦、娱乐场、住宅、学校，也可以是科研机构等。这种浮在海洋上的建筑物能够移动，设施的改造和增设也比较容易，无论是深海还是浅海，对这种建筑物来说都十分适宜。在一批相对集中的永久性海洋人造生存空间（如人工海滩、人工渔礁、海上娱乐设施、海上城市等）之间，海洋走廊就可以发挥其独特的交通运输功能。科学家们设想的这种海洋走廊，其运输能量极大，是全封闭的运输线，来回往复，立体交叉，绝无堵塞之忧。而且在海洋走廊的起点又建有机场，这样就把空中和海洋之间完全连接了起来。以下为几种海洋空间资源的利用方式。

（一）海洋娱乐场

发展旅游业的一大前景就是开发海洋娱乐场。规划是在位于大城市不远的海洋孤岛的海面（离岸约 1km，水深为 100m）上，建造能自动调整平衡、防止摇晃的三个浮游系式的人工岛。在其中的一个岛上，设置有连接大城市的高速艇与直升机的始发、到达等设施与本岛连接的海底隧道的出入口。第二个人工岛的中间部分设计成圆筒形，在其中设置旅馆、国际活动中心、购物中心、影剧院和音乐厅等。在第三个岛上设置水族馆、海洋娱乐场、温水游泳池、海洋公园和老年人活动中心等。另外，还附设有 100m 高的海上瞭望塔，常年不受风雨影响的人造海滨，可使人们充分享受到海洋的自然美。

（二）海上牧场

除了人工岛后面形成的平静海域可作为海洋牧场外，将迄今作为渔场利用价值低的混砂质海底的沿海海域，从沿岸 7km 的范围内，也可作为海洋牧场。它是利用水温的差异形成一道无形的水下栅栏。科学家们设想从海洋深处抽冰冷的海水上来，然后在浅海区做成巨大的圆形状喷射。这样造成水的温差，围栏中的鱼就不会从圈内游走。圈内的鱼是陆地上鱼苗场运来投放饲养的同时，可以在海上设卫星基地观察圈内的鱼群活动情况。

（三）海底隧道

海底隧道是对宽为 20km 左右、最大水深为 150m 的海峡，在沿海底设置的台基上，用混凝土制成的椭圆形管道（长径 20m，短径 13m）铺设而成的。在这种隧道中，为防止汽车排气、输送旅客等必须采用新的交通系统。海底隧道作为交通枢纽，对渔业及对航行船舶的安全是有利的。

（四）海洋能源基地

开发远离陆地的岛屿。利用风力、波能、海洋温差、阳光及海流等自然能源发电来提供所需的电力。发电装置的最大容量为 15 800kW，可供给 15 000人的生活用电及供水的需求。各种发电装置安装巧妙：将风力发电设备安装在山丘上；波能发电设备安装在面向外海的 900m 防波堤中；太阳能发电设备安装在漂浮在被防波堤围住的海面上的浮体上；海流发电设备建造在外海的深海底中；海洋温差发电是利用向外海推进 700m，将 700m 外的泛海水吸取上来进行发电，通常可发电 5 000kW。

（五）海底粮食储备基地

为了更好地储存大米、小麦等粮食，将在水温低、温度变化小、水深在 50~100 的海底建造粮食储备基地。在"贮罐"的上部设计有船舶搬运粮食的设备。

（六）其他利用方式

为有效利用海上空间，应开发海洋仪器及海洋资料高效率利用系统，完成海洋基础图件：沿岸防灾情报图、沿岸海域地形图及沿海土地条件图等。进行地基下沉影响的研究和区域海洋通信事业的建设。

1. 新型海岸工程结构

港口作为传统的海岸工程设施，在下一个世纪仍有很大的发展潜力。我国沿海除已有的 130 多个海港外，可供选择的新港址还有 160 多处。为适应国际贸易需求，运输船舶向大型化发展的趋势，港口的规模将越来越大，对航道水深要求也越来越高。而在有限的自身掩护的天然深水港址开发殆尽之后，港口建设逐步进入水深浪大、环境条件恶劣的海域。传统的港口工程结构因其造价高昂、技术复杂、施工困难等因素远不能满足深水港口建设的要求。填海造地是利用海岸带空间的一种简单方式，近年来随着我国沿海地区经济的发展，填海工程与建造人工海岸的规模不断扩大。但因不合理的围海、筑坝、河口建闸以及大面积挖沙采石、乱挖珊瑚礁、滥伐红树林等现象，严重破坏了我国的海洋自然景观和生态环境，造成了大范围的海岸侵蚀或淤积，损害了海洋生态系统，影响了江河的泄洪能力和港航功能。

随着海岸环境保护、观光旅游、水产养殖等综合需要，人们关于海岸与港口开发的观念将发生重大的转变：①综合考虑对海底地质、海岸侵蚀、泥沙运动、生态环境变化与海洋污染等的影响，以利于海岸带的可持续开发；②综合规划填海造地工程，将交通、工业区、港口和沿港湾海岸风景区的开发有机地结合起来；③为适合水深浪大、软弱地基、引入海水交换改善港内水质环境且造价低廉的需求，港口工程结构将向透空式结构、消能式结构及多功能型结构等新型结构形式发展；④为达到保护海岸和不破坏生态系统且具有观赏性的目的，与生态系统相协调的人工礁（宽幅潜堤）及缓坡护岸等结构将取代传统的护岸、海堤等结构形式。

2. 超大型浮体结构

现代海洋空间利用除传统的港口和海洋运输外，正在向海上人造城市、发电站、海洋公园、海上机场、海底隧道和海底仓储的方向发展。人们现已在建造或设计海上生产、工作、生活用的各种大型人工岛、超大型浮式海洋结构和海底工程，估计到21世纪中期，可能出现能容纳10万人的海上人造城市。鉴于大型人工岛建筑需要的工期长、填料多、难于在较深海域中采用等缺陷，所谓超大型浮式海洋结构（指尺度以公里计，具有综合性、多功能性的永久性或半永久性的浮式海洋结构）的设想已引起人们的关注。该结构可用于海上机场，海上城市，浮式海上基地等，以缓解紧张的陆地资源及减少城市噪音等。日本已经于1999年8月在东京湾用6块380m长、60m宽的矩形漂浮钢制单体拼装海上漂浮机场。

超大型浮式海洋结构物的设计和构造，对海岸和近海工程来讲是一种全新的课题，首先必须研究解决如下特有的关键技术问题：（1）环境荷载的确定：由于结构物非常庞大，将显著改变结构物附近的海洋动力环境状况。例如当结构尺度远大于波长时，用当前适用于普通结构的单一波谱来计算结构的波浪荷载是不适当的；（2）动力响应分析：对如此大的结构，因其弹性及连接变形十分显著，将产生显著的流固动力耦合作用，使其动力响应也就更为复杂多变；（3）结构的分析计算理论和方法：理想的是采用三维模型，但由于结构的庞大，它将超出迄今可及的计算能力，因而可能需要建立各种简化的计算模型；（4）连接件的构造与设计：包括构造方案、材料的选择和研制、连接件的制造工艺、锚结构形式及锚力的计算方法研究等；（5）环境影响：超大型结构的存在改变了海上动力条件可能引起海岸的冲淤变化，超大型结构对其下面的海洋生物及水质的影响等问题仍有待于研究。

四、海洋空间资源展望

（一）海洋资源和海洋空间资源的联系

就现存的文献内容来看，海洋资源和海洋空间资源概念虽不易混淆，但没有关于二者如何清晰地划分界限的研究。部分学者认为海洋资源是由海洋物质资源、海洋空间资源和海洋能源资源组成，但是这种关系是模糊且不符合实际的。海洋资源泛指一切与海洋相关的资源，而海洋空间资源则指的一片占有海洋资源的海域空间性资源，其中可能包含生物资源、海水资源、油气资源等等。因此二者之间关系的明确和归纳有待于进一步讨论。

（二）海洋空间资源的层次化利用

现阶段我国海洋资源的利用都是以平面海域划分的，不同的开发商或使用者占用一片既定的面积，但是使用者往往只能针对其中一部分资源进行利用，这样会降低海洋空间资源的使用效率。因此，需要进一步研究和探索如何进行海洋空间资源的全面利用。

（三）海洋空间资源的分层确权

若进行海洋资源空间的分层开发利用，必须首先从法律的角度将不同层次的海洋资源的所有权、使用权、收益权等产权问题合理合法的确定下来，以防止海洋空间资源产权效率流失，提高海洋资源利用率。因此，如何针对海洋不同层次的不同资源进行产权的确定有待于研究。

（四）海洋空间资源的分层管理

海洋空间资源分层确权之后，下一步面临的问题就是相关管理部门如何针对不同层次的海洋空间资源进行管理。分层确权后的海洋空间资源的管理最重要的是将分管不同海洋资源部门的权职划分清楚，防止部门间存在遗漏或是重叠的管辖范围。

（五）海洋空间资源的开发向生态化转变

非正常化的产权划分必然会导致管理混乱和生态失衡。海洋空间资源的无序开发导致海洋生态短时间内无法恢复，从长远来看，不利于海洋空间资源的高效利用。因此，必须以可持续发展为基础，在生态环境不受到破坏的情况下，制定出一套海洋资源开发的规章制度。国是世界上自然灾害最严重的少数国家之一，所遭受的灾害种类多、发生频率高、分布地域广、造成损失大。特别是 20 世纪 90 年代以来，自然灾害造成的经济损失呈明显上升趋势，已经成为影响经济发展和社会稳定的重要因素。

（六）海洋空间资源的国有化向市场化转变

海域空间资源产权一向以国有化为主，但是国有产权的虚置、质量低下、管理混乱等问题严重影响海洋资源的有效利用和合理配置。因此，海洋空间资源有必要向市场化进行转变，政府从中进行合理的市场化干预和管理。不但可以有效地降低政府的寻租、委托代理行为，提高社会效益，同时通过市场竞争最大化利用资源，获取更多经济效益。

第二节　海洋旅游资源的开发

一、海洋旅游及其相关概念

（一）海洋旅游资源的定义

"海洋旅游资源"的定义是海洋旅游的主体使游客的旅游欲望或旅游动机满足，海洋旅游资源则是指禀赋在主要海岸线或者海域的旅游资源，这种旅游资源在海洋依赖型或者海洋相关型旅游活动中得到利用，并实现其价值。因此，是人文资源和自然资源的总称。海洋旅游资源是主要包括自然的海洋旅游资源、社会的海洋旅游资源、产业的海洋旅游资源三方面。特别包括港湾，渔港，沿岸是产业海洋旅游资源。此外，海洋关键的无形资源是风俗或者和海洋文化有关旅游活动。这种海洋旅游资源的特点是美丽性、引诱性、娱乐性、观赏性、多样性、季节性、教育性和学术性、历史性、稀少性、接近性、经济性等。海洋旅游资源开发是指为发挥、提高和改善海洋旅游资源对游客的吸引力，使潜在的海洋旅游资源优势转化成为现实的经济优势，并使海洋旅游活动得以实现的技术经济活动。

（二）海洋旅游的定义与类型

有关海洋旅游的定义较多，在概念表述上，海洋旅游集中在对旅游的定义和对海洋空间范围的界定上。Mark Orams[①] 在《海洋观光发展、影响与管理》一书所阐述的："海洋观光包括以海洋环境（指那些含盐的和受潮汐影响之水域）为中心，所从事的游憩活动，或接待许多人离开他们的居所而至海洋环境所引发的一系列活动"。董玉明[②]认为海洋旅游是指在一定的社会经济条件下，以海洋为依托，以满足人们精神和物质需求为目的而进行的海洋游览、娱乐和度假等活动所产生的现象和关系的总和。贾跃千[③]提出海洋旅游系指非定居者出于非移民及和平的目的而在海洋空间区域内的旅行和暂时居留而引起的

①　Mark Orams. 海洋观光影响、发展与管理（第一版）[M]. 台湾：桂鲁出版社，2001.

②　董玉明，王雷亭. 旅游学概论 [M]. 上海：上海交通大学出版社，2000.

③　贾跃千，李平. 海洋旅游和海洋旅游资源的分类 [J]. 海洋开发与管理 2005（2）：77-81.

现象和关系的总和。人们的出游目的主要是出于导致实现经济、社会、文化和精神等方面的个人发展及促进人与人之间的了解和合作。

从海洋活动层面上来看，海洋旅游的类型可以分为依靠海洋活动或者海洋关键活动。依靠海洋活动有体育型、休闲型和游览型。海洋关键活动是在连接海域的活动，包括踢球、海滨日光浴、水族馆、海洋博物馆、在海滨的各种游戏、散步和水产市场。一般来说，区分海洋旅游的种类是海洋活动、海洋体育活动、海洋观光和海洋休闲。

总体看来，目前学术界对海洋旅游还未形成统一的定义，也没有权威的论断。根据国内外研究现状的分析，结合海洋旅游的特点，可以看出，随着人类对海洋开发和利用程度不断向深度、广度拓展，海洋旅游的内容逐渐丰富起来。本书认为海洋旅游的内涵应该包括以下几方面：

(1) 海洋资源与海洋生态环境系统是海洋旅游发展的基础和依托

海洋旅游以海洋自然资源和人文资源为开发基础，以海洋生态环境系统为背景，表现为鲜明的海洋独特性和海洋生态性。即海洋旅游强调旅游与海洋的关系，"以海洋为依托""以海洋环境为中心"而进行的海洋观光、娱乐、度假和游憩活动是海洋旅游的主要内容。根据海洋环境的特点、距陆远近与开发的难易程度，海洋旅游区分为滨海旅游、近海旅游和远洋旅游。目前开发较为成熟的是滨海旅游，主要有各种海洋自然景观和人文景观游览观光、海滨避暑疗养与休闲度假、听潮海浴、潜水冲浪、品尝海鲜、体验海洋风俗民情、参与海上作业、渔船捕钓、漂流探险等。

(2) 可持续发展是海洋旅游的核心目标

海洋旅游业以其资源容量较高、生态环境优越、经济效益可观在全球范围内蓬勃发展，成为沿海地区经济发展的重要支撑。但海洋资源与生态系统复杂脆弱，极易遭到破坏，难以恢复。因此，海洋旅游的发展必须以可持续发展理念为指导，在保护海洋生态环境良好、维系海洋生态系统平衡，保证海洋资源环境可持续承载的基础之上，进行海洋旅游资源的开发利用、海洋旅游产业要素的布局与规划、海洋旅游产品与线路的设计等。但是可持续开发不仅仅只对海洋资源和环境保护，从更高更远的角度来审视环境与发展问题，强调各种社会经济因素与生态环境之间的联系与协调，寻求人口、经济、社会、资源、环境各要素之间的相互协调与发展。所以，坚持可持续开发理念，保证海洋旅游业的经济、社会、生态可持续发展是海洋旅游发展的核心目标。

综上所述，海洋旅游研究是一个庞大的复杂系统，海洋旅游资源的开发管理更是一个复杂的系统工程，涉及海洋旅游资源、海洋旅游开发条件、滨海城市旅游开发管理、海岛旅游资源开发管理、海洋保护区旅游开发管理、海洋旅游区划等问题。

二、海洋旅游资源开发的内容与原则

(一) 海洋旅游资源开发的内容

根据《旅游规划通则》(GB/T18971-2003), 旅游区总体规划内容包括以下具体内容:

对旅游区的客源市场的需求总量、地域结构、消费结构等进行全面分析与预测;

界定旅游区范围, 进行现状调查和分析, 对旅游资源进行科学评价;

确定旅游区的性质和主题形象;

确定规划旅游区的功能分区和土地利用, 提出规划期内的旅游容量;

规划旅游区的对外交通系统的布局和主要交通设施的规模、位置:

规划旅游区内部的其他道路系统的走向、断面和交叉形式:

规划旅游区的景观系统和绿地系统的总体布局;

规划旅游区其他基础设施、服务设施和附属设施的总体布局;

规划旅游区的防灾系统和安全系统的总体布局;

研究并确定旅游区资源的保护范围和保护措施;

规划旅游区的环境卫生系统布局, 提出防止和治理污染的措施:

提出旅游区近期建设规划, 进行重点项目策划;

提出总体规划的实施步骤、措施和方法, 以及规划、建设、运营中的管理意见。

根据以上内容, 并结合海洋旅游资源开发的特点和要求, 可以将海洋旅游资源开发的内容归纳为以下几个方面。

1. 规划建设旅游景区

海洋旅游资源只有经过开发, 才能成为海洋旅游产品, 才能有旅游目的地的核心吸引力, 才能形成旅游接待能力, 进而将资源优势转化为经济优势。因此, 规划和建设旅游景区, 是海洋旅游资源开发的核心内容, 是整个工作的出发点。旅游景区规划建设的最核心内容是确定旅游区的性质和主题形象, 有了独具特色的主题形象, 就能据此安排具体的旅游项目尤其是重点旅游项目的建设及其空间布局。从开发形式看, 可分为新建、利用、修复、改造和提高五种。

2. 改善旅游交通

旅游资源的不可移动性使旅游活动必定是旅游者不断位移的活动, 从常住地位移至旅游目的地，从一个景区、景点位移至另一个景区、景点。因此。旅游交通网络的建设在海洋旅游资源开发中显得至关重要。如果旅游交通网络不发达，可进入性差，无论旅游资源的品质如何高贵，所开发的旅游产品如何富有特色和吸引力，也只能"深居简出"，会极大地削弱旅游者的旅游动机。难以形成现实的旅游接待。安全、便利、快捷、舒适是现代旅游者对旅游交通的基本要求。改善旅游交通，不仅包括旅游交通设施的建设和旅游交通工具的选择，也包括各种交通营运计划的安排和设计。要充分发挥海洋优势，建设富有海洋特色的旅游交通网络。

3. 建设和完善旅游设施

旅游设施可分为旅游基础设施和旅游接待设施。旅游接待设施是指主要为旅游者服务的设施，包括宾馆、酒店、旅行社、机场、码头、旅游问询中心等；旅游基础设施是指主要为当地社会经济发展服务，但旅游者在停留期间也必须依赖和利用的设施，包括银行、医院、通信、公安等。旅游设施的数量多少和质量高低，直接影响着旅游者对旅游目的地的影响和评价，进而影响旅游资源的开发效益。

4. 开发旅游人力资源

海洋旅游区的竞争在一定意义上是旅游人才的竞争。旅游人才可分为旅游经营型人才、旅游服务型人才、旅游研究型人才和旅游管理型人才四个基本类型。有些地方的海洋旅游资源、旅游接待设施具有世界级水平，但因旅游人才短缺导致旅游服务水平较低，从而在激烈的市场竞争并不占优势。可见，重视和强调旅游人力资源开发是海洋旅游资源开发的重要前提。无论是滨海旅游城市还是旅游景区，都要想尽一切办法培养、引进、留住旅游人才，并充分调动旅游人才的积积极性。

5. 开拓旅游市场

海洋旅游资源开发是以一定数量和质量的稳定的客源市场为前提的。旅游市场是竞争激烈的买方市场。在这个市场上，一切都不是静止不变的，旅游者的需求在不断变化，竞争对手在不断变化，旅游企业或旅游目的地由于自身的发展也在不断变化。面对如此多变的市场，旅游景区和滨海旅游城市一方面要不断推出具有吸引力的新产品，另一方面要加大市场营销力度，从而达到稳定现有市场，不断开发和挖掘潜在市场的目的，并最终实现海洋旅游资源开发的高效率。

(二) 海洋旅游资源开发的原则

伴随海洋旅游的发展，海洋旅游资源的开发也成为热点。要使海洋旅游资源的开发能够充分发挥、提高和改善海洋旅游资源对游客的吸引力，使潜在的资源优势转化为现实的经济优势，并获得社会、经济与生态综合效益，必须遵循下列原则。

1. 坚持独特性和主导性开发原则

独特性原则要求在海洋旅游资源开发过程中不仅要保护好海洋旅游资源的特色，而且应尽最大可能突出各旅游目的地海洋旅游资源的特色，且差异越大，独特性就越强，对游客的吸引力就越大。在保持和突出原有旅游资源特色的同时，还应该有所创新和发展。独特性原则还要求滨海旅游资源开发必须突出沿海地区民族文化特色、地方特色，尽可能保持滨海旅游资源的原始风貌，也就是在海洋旅游资源开发中，要突出沿海地区的建筑风格、文化品位、审美情趣、民俗民风等要素的特征。当然，独特性并不是单一性，海洋旅游资源开发在突出特色的基础上，还应具有多样化特点，满足游客多样化的需求。

主导性原则要求在对旅游资源的不同开发功能进行适宜性分析和限制性分析的基础上，对比不同旅游功能的重要性，以确定每一种旅游资源的主导和辅助开发功能；对于符合旅游目的地旅游经济主导发展方向的功能优先安排。

2. 坚持复式开发与统筹兼顾原则

由于海洋旅游资源具有较强的衍生性和复合性开发功能，沿海地区与沿海区域海洋旅游和海洋渔业、港口、临海工业、生态保护区等其他功能在空间上不具有绝对的排他性。因此，海洋旅游资源开发要强调不同岸段功能的空间叠加或复合，在功能定位上与港口、渔业等其他用途尽量保持时序或空间的最大兼容性，根据社会经济与环境协调发展的需求，合理确定某一岸段旅游开发序次及与与其他功能的关系。

海洋旅游还必须统筹兼顾的原则，首先，海洋旅游资源开发要统筹全局，即不仅要服从国家地域分工的需要，也要在综合平衡的基础上协调各部门、各方面对海洋资源开发利用的需求。具体在空间布局上必须与旅游发展规划、城市总体规划、环境保护规划、社会经济发展规划等专项职能规划和综合发展规划相协调。其次，还要注意海陆统筹兼顾，即海洋旅游资源开发要与陆域旅游开发统一规划，实现海陆旅游一体化，一方面发展海洋旅游经济的集聚功能，带动陆域旅游产业发展，另一方面拓展海洋旅游产品类型与旅游路线，增加海洋旅游吸引力。

3. 坚持综合开发与系统开发原则

海洋旅游规划是一种经济技术行为，即运用适当的经济、技术资源，特别是智力资源，使海洋旅游资源产生经济效益、社会效益和生态效益的过程。它是以旅游市场变化和发展为出发点。海洋旅游资源开发是一个综合开发和系统开发的过程。它包括改善海洋旅游环境、完善旅游产品及配套服务设施、挖掘旅游资源内涵、对旅游资源进行营销推广等。综合开发要求围绕重点项目，挖掘潜力，逐步形成系列产品和配套服务。同时，为了丰富海洋旅游活动内容，延长游客旅游停留时间，提高滨海旅游经济效益，应在保证重点项目开发的基础上，不断增添新项目、新内容。

综合系统原则还体现在开发时，逐步建立健全吃、住、行、购、娱等旅游服务以及通讯、联络等配套设施，形成完善的旅游服务体系，这是旅游开发向深度和广度发展，降低成本，形成规模经济，提高经济效益的重要途径。此外，在海洋旅游资源的开发建设中，不仅要重视资金的投入，而且还要重视科技与文化的投入。加强海洋旅游基础科学研究，加大海洋旅游科技投入力度，使科学技术真正成为兴旅强旅的主要手段。

4. 坚持资源开发与保护并重原则

世界各个国家认识到海洋是持续人类文明发展的新的源泉。在 21 世纪，人类必定要解决的问题是食粮问题、资源问题、空间问题、环境等问题。海洋生态环境是海洋旅游资源赖以存在的物质空间，但海洋旅游资源的不合理开发利用可能会给自然环境带来某些污染，给海洋旅游资源造成一定程度的破坏，所以必须重视海洋资源与环境的保护，控制污染，保证海洋环境质量，提高海洋旅游资源吸引力。

对于海洋旅游资源的开发，我们一方面要树立对海洋旅游资源的忧患意识，在全世界生态环境问题日益严峻的背景下，要处理好开发与保护的关系，要做好海洋旅游资源的保护工作，在开发资源之前，必须进行项目的可行性分析，制订资源保护的切实方案，避免海洋旅游资源在开发过程中遭到破坏。另一方面还要严格控制沿海地区游客接待数量，将其限定在海洋资源环境承载力之内，以维持海洋生态系统平衡，保证海洋旅游质量，促使海洋旅游资源能够永续利用，海洋旅游业可持续发展①。

三、海洋旅游资源开发存在的问题及应对策略

（一）海洋旅游资源开发现存问题

1. 海洋旅游资源优化配置体系不合理，缺乏整体性和综合性

在开发海洋旅游资源的过程中需要一套综合全面的开发规划，使各个部门可以相互协调，合理分配和开发海洋旅游资源，形成相辅相成的资源共同体，

---

① 甘枝茂，马耀峰. 旅游资源与开发 [M]. 天津：南开大学出版社，2000.

促进各方面的平衡发展。然而，现阶段由于很多海洋部门对海洋旅游资源缺乏综合管理意识，没有形成总体规划，信息交流不足导致资源的闲置和浪费，甚至是破坏。

2. 海洋旅游产品开发不足，多受限于传统的海洋旅游项目

海洋旅游产品一般可以分为海洋观光旅游、海洋度假旅游、水上游乐活动、探险等特色旅游等，但是就目前来说，海洋旅游项目的还相对单调，大部分集中于观光、游泳、沙滩活动等简单活动。因此，海洋旅游迫切需要产品创新以满足各种不同层次的海洋旅游需求。

3. 海洋旅游资源的污染严重

对海洋旅游资源的污染主要分为对海洋自然旅游资源、海洋历史遗迹、海洋文化资源三大类污染损害，这些污染主要来自工业污染、农业污染、服务业污染遗迹生活污染等方面，其中工业污水、工业废气、油田溢油、农药化肥污染等传统污染源的影响作用较大[①]。而在经济高速发展的背景下，旅游垃圾、旅游设施污染以及生活垃圾等污染也日益成为主要的海洋旅游资源污染源。分析污染原因可知，有部分因素是归结于风暴、海啸等自然灾害，然而更大一部分是由于缺乏管理、过度开发等人为因素。

4. 对海洋旅游业的理论研究和实际结合不足，缺乏高端海洋旅游人才

要形成有生命力的海洋旅游业必须要结合当地的实际海洋旅游资源以及其他实际因素，才能保证其合理发展、有序开发以及可持续性的发展。海洋旅游人才的不足也造成了对海洋旅游的研究和规划不够、海洋旅游的服务水平不足等等问题。

5. 海洋旅游业与其他产业的合作不协调

海上资源的开发离不开陆上产业的支持，而与陆上资源的对接不充分，不能利用陆上资源的现有优势，也限制了海上资源的辐射效应，也阻碍了海陆协调发展的整体规划和思路。

(二) 解决海洋旅游资源开发问题的应对策略

1. 进行统一规划开发，避免资源无价、无偿或低价使用

海洋旅游资源是一种特殊的保值和增值的资源，合理的开发可以更新和再生资源，延长海洋旅游资源的生命周期。

一是通过合理的开发和配置来取得整体的效益，通过科学的规划方法，从

---

① 慎丽华，张园园. 海洋旅游资源污染损害的控制研究 [J]. 菏泽学院学报，2012，(2)：98-102.

以往大多定性估算发展到定量分析，利用信息技术、遥感技术等高科技手段，研究分析出海洋旅游资源之间的复杂关联，运用各类决策方法制定出系统而科学的规划。

二是开展海洋资源管理分布，类型、数量管理的普查和价值登记评定，以全面掌握旅游资源的基本情况，按照国家或地方的规定标准划分资源等级，作为开发和管理的依据。

三是海陆并举，相互促进。根据自然环境和经济条件的不同，本着"先近海、后远海，先热点开发区域、后纵深区域"的空间开发格局和进度予以不同侧重的安排，发挥各自的优势，合理安排。

四是海洋旅游资源的开发要有特色，因为特色是海洋旅游资源的灵魂，没有特色就没有效益，要做到"人无我有，人有我新"。既要避免原有的特色遭到破坏，又要有鲜明和创新发展。要注意突出生态化、原始化、自然化，体现人工造美与自然美的合一，体现时空结构特色，营造一个生态化服务设施的环境氛围，让旅游者感觉是回归自然的海洋畅游。

五是海洋旅游资源的开发要考虑市场经济的需求和竞争力及资源的冷热来预测其发展趋势，要发挥经济、社会、生态三方面协调一致的综合效益，使其能真正持续协调的发展。

2. 充分与陆上产业相互合作，重视海洋旅游产业的开拓

坚持海陆一体化的原则，加强与陆域产业的互动联系，利用陆域资源优势，形成综合平衡发展。同时，重视实施旅游管理业的集团化、专业化和市场化转变，不断开拓和发展海洋旅游景区、交通产业、海洋旅游旅行社、海洋旅游餐饮业等海洋旅游核心产业，以及加强与社会服务、金融保险等关联产业的结合，形成较为完善的海洋旅游产业体系，实现海洋旅游业的综合发展。

3. 大力开发海洋旅游产品拓展旅游产业

在向游客提供生态旅游产品、服务项目、旅游体验，满足游客旅游需求的同时，更应注重海洋旅游资源的特色性、地域性与民族性。海洋旅游产品的开发应具备创新性，围绕旅游市场需求，将地方文化、科技、人文景观等融入旅游产品，提升旅游产品附加值的同时，更需要注重与时俱进，满足游客多样性的需求。围绕海洋旅游区成立交通、餐饮、景区、旅行社等核心产业，通过金融保险与社会服务等产业的扶持，优化海洋旅游产业体系，实现海洋旅游业的良性健康发展。

4. 提高海洋知识体系教育，强化海洋旅游资源开发意识，培养各类高端海洋人才

将各种海洋知识纳入群众的基础教育中去，宣传海洋旅游开发知识，加强

海洋旅游开发的意识。同时，发展高等海洋教育，通过各类专业院校开展不同层次、不同阶段的专业教育，加大培养各类海洋人才的力度，提高与世界优秀海洋人才的交流与合作。

第三节　海洋文化遗产资源产业化的开发与发展道路

一、海洋文化遗产的含义与特征分析

（一）海洋文化遗产的含义

海洋是人类文化的重要家园，在人类文化史的不同区域、不同国家历史上扮演了不同的角色。环中国海是中华民族生存发展的重要空间，造就了中华文明大陆性与海洋性并存的特性，是中华民族"多元一体"格局的重要形式之一。海洋文化具有开放性、流动性、扩张性、跨界与跨文化等重要特征，中华先民的海洋活动空间并不囿于我国疆域之内的四大领海，而广泛分布于中华海洋文化传播、扩展的"环中国海"地带，除了我国的渤海、黄海、东海、南海之外，还扩展到从日本到菲律宾、印尼等岛弧间的相邻海域，形成以中华海洋文化为纽带的跨界海洋文化圈，是世界海洋文明体系中相对独立的一环①。

海洋文化遗产是历代先民在海洋文化活动中，遗留和积淀下来的文化遗存，包括有古代海洋聚落与港市遗迹、沉船船货与海洋经济史迹、海防史迹等有形的海洋文物，还涉及民间造船法式、传统航海技术、船家社会人文等无形的海洋资产。抢救濒危海洋文化遗产，发掘、研究环中国海海洋文明史的真实内涵，弘扬中华海洋文化的优秀传统，彰显中华海洋文化在世界海洋文明体系中的地位，具有重要的学术价值和社会意义。

（二）海洋文化遗产的特征

1. 空间分布集聚性

我国海洋文化载体多分布在沿海地区，沿海城市的社会经济发展程度、海洋自然和人文资源、城市地理位置、海洋开发活动时间、当地政府重视程度等

---

① 吴春明．"环中国海"：海洋文化的土著生成与汉人传承论纲［J］．复旦学报，2011（1）：124 −131.

因素直接决定了各地区海洋文化遗产的数量和质量。我国海洋文化遗产主要分布在广州、泉州、宁波、烟台、大连、青岛、厦门、舟山、防城港、日照、连云港、威海、秦皇岛、潮州、湛江等历史文化底蕴深厚、海洋文化相对发达的沿海城市。

2. 与海洋信仰紧密相连

我国海洋文化遗产中的许多海神文化内容，如妈祖信仰、龙王信仰等，都与人们的生产生活紧密相关，如妈祖信仰与商业等经济要素具有天然联系。天后宫所建之处是福建、泉州、天津等经济较发达或经济发展环境较好的地方，因为天后一般是助人预防海洋风险、保平安的，而商业也有海洋般的风险、不确定性，故天后成为商人的精神寄托之一，这也与海洋具有崇商性相吻合。与之相比，龙王庙则多见于内地村庄，多了几分"内陆味"，因为农民多向龙王祈求来年的风调雨顺。同时，我国地方民间海神信仰均不相同，虽形象特征大体相同，但均为善良、乐于助人的形象，且多为女性。这与我国在女性特征、角色分工认知的文化传统有关。

3. 多样化和复杂化

我国海洋文化遗产包括海神庙宇、海洋节庆或仪式、海洋社会群体、建筑和器物、文献资料等实际形态，并且每一种具体形态还呈现出不断丰富和复杂化的趋势，如海洋节庆或仪式的具体程序日趋增多，从中可以看出我国海洋文化遗产实际形态呈多样化。

4. 与时俱进性

我国海洋文化遗产实际形态的与时俱进性主要体现在：传统海洋节庆和仪式程序不断注入新元素，祭海节仪式体现了倡导生态保护和可持续发展的理念，如各地举行的开渔节和放生仪式都体现了合理开发海洋的理念和行为；国家和地方政府的涉海政策会体现在这些实际形态上，如海洋文化旅游新政策会反映在庙宇修建、涉海景点增设等方面，渔业新政策也同时会直接体现在渔民的生产生活中；同时涉海活动中使用的物品均具有时代特色，可体现在渔船的配置、供奉海神的物品、海洋军事装备上等。

舟山渔民画具有厚重的历史文化底蕴，但是随着时代发展，舟山渔民画与时俱进，呈现出以下发展趋势：随着当地海洋文化旅游经济发展，当地将渔民画做成旅游纪念品和各种明信片，大大扩大了渔民画的流通领域；渔民画越来越多地成为海洋节庆的组成内容，在更多现代化平台上予以展示；渔民画创作题材和艺术形式不断创新，使渔民画朝着多方面、深层次发展。

二、海洋文化遗产资源产业化的必要性

（一）是沿海地区经济发展的需要

当前，文化和经济一体化以及走向海洋是未来经济发展的重要趋势。中国政府提出了建设"21世纪海上丝绸之路"的战略部署，发展海洋文化产业、加强海洋文化遗产保护有利于推动国家战略实施。同时，我国沿海地方纷纷提出"海洋强省""文化强省"的建设目标并积极参与"21世纪海上丝绸之路"建设，海洋文化已经成为沿海地区区域经济和社会发展最重要的支撑。海洋文化遗产产业是海洋文化产业的组成部分，因此大力发展海洋文化遗产产业，将有利于推动海洋文化蓬勃发展，进而有助于地方经济发展目标的实现。

（二）是保护与发展海洋非物质文化遗产的要求

遵照国务院《关于加强文化遗产保护工作的通知》确立的"保护为主、抢救第一、合理利用、传承发展"的非物质文化遗产工作方针，我国沿海地区应当做好海洋文化遗产工作的保护和传承工作，合理利用海洋文化遗产资源。我国海洋文化遗产资源丰富，具有产业化开发利用的良好潜力，可通过文化产业的市场化、规模化营运，释放其内在价值，满足人民群众精神文化需求，同时产生积极的经济效益，进而反哺海洋文化遗产保护工作，从而拓宽海洋文化遗产的生存发展空间。

（三）可应对海洋文化遗产的生存威胁、顺应时代发展的要求

海洋文化遗产的各要素有机地存活于社区或群体共同构成的生命环链中，而且还在不断地生成、传承乃至创新。海洋文化遗产各要素在现实存在中处于濒临灭绝的境地，大量资源正在被商业文化异化，大量的民间海洋艺术正在悄无声息地消亡。只有运用市场经济的动力，结合海洋文化遗产本身的价值属性，进行产业化开发，才能保障非物质文化遗产的传承。

随着生活水平的提高，人民群众对于新颖、独特、猎奇、体验式的文化产品的心理需求大增，海洋文化遗产因独具特色而受到人们的喜爱，尤其沿海地方群众世代传承和长期保留下来的原发性的民族民间文化艺术愈受青睐，但是海洋文化遗产创造了巨大的经济效益的同时也在越来越多的旅游观光活动和人为开发过程中遭到不同程度的破坏、流失和变异。因此，要通过产业化发展，促进政府引导和专家研究，实现海洋文化遗产资源科学、规范地开发，以及海洋文化产业的健康发展，从而推动海洋文化遗产资源保护，改善当前一些地方

的海洋文化遗产破坏性开发的现状。

三、海洋文化遗产资源开发的发展方向

（一）可与现代化资源技术紧密结合

海洋文化遗产资源内涵丰富，具有很深的历史文化价值，但在开发利用过程中，往往与现代化的技术资源紧密结合，如通过现代化的场馆展示传统海洋文化作品，将传统海洋文艺与现代艺术形式、声光电等技术结合起来，将传统海洋节庆与现代旅游业发展业态结合起来。总之，一方面要保证海洋文化遗产资源的原真性，注重保持其文化内涵和文化特色，另一方面要注重与现代化技术相结合，使之更加符合现代人的审美标准和评价标准，从而创造更多、更高的价值。

（二）强调空间聚合和业态融合

我国知名的海洋文化遗产项目和产品很少，要实现其健康发展，就要打破行业和地区壁垒，加快海洋文化遗产产业与旅游等相关产业融合发展。从目前我国海洋文化遗产产业发展现状来看，传统海洋文化资源广泛分布在民族、民间地区，由于经济、交通和地理等基础条件限制，城乡之间、地区之间海洋文化遗产产业发展不平衡，加之部分海洋文化遗产项目是企业、群众的自发行为，缺乏规划和引导，很多地区仍然处于独立、分散经营的状态，很难形成完善的服务体系、产业链条和规模效应。

以区域整合的方式发展海洋文化遗产产业，更有利于形成优势互补、良性互动的发展趋势，以及创意、生产、推广的一体化协同发展效应。从文化产业发展规律来看，业态间的融合是实现海洋文化遗产产业发展的重要内容，特别是以海洋文化旅游为基础，形成演出演艺、工艺品和展览等多业态融合发展的方式，也是推动地方海洋文化遗产产业健康发展的普遍做法。因此，要积极培育海洋文化遗产产业，逐渐打造海洋文化遗产示范渔镇、渔村和渔港，并进一步打造形成示范区乃至产业带，一方面从微观上强调发挥比较优势，突出差异化的竞争力策略；另一方面从宏观上强调突破区域限制，形成区域合作机制，统筹城乡发展，并形成集聚联动效应。

（三）重视市场运作和产品创新

海洋文化遗产产品和服务要加强与创意设计、现代科技、时代元素相结合，促进内容和形式创新。当前我国许多海洋文化遗产项目存在形式陈旧、类型和功能单一等问题，与现代时尚消费需求脱节，如各景点纪念品均存在粗制滥造、缺乏创意的问题，缺乏竞争力和吸引力，因此，要通过创意将传统海洋文化资源与现代生活方式和时尚消费需求相嫁接，提升其科技含量，深挖其文化内涵，打造群众喜爱、经济效益好的经典产品和服务。

（四）注重产业发展与城镇化建设相结合

海洋文化遗产产业的发展延续城市文脉，承载海洋文化记忆和乡愁。建设有历史记忆、地域特色、民族特点的特色海洋文化城镇和乡村，加强城镇化过程中的海洋文化遗产产业发展，不仅关系到传统海洋文化资源的保护与传承问题，更关系到人的城镇化问题。充分利用城乡特色海洋文化遗产资源，是开发海洋文化遗产资源的重要方向。

四、海洋文化遗产开发的路径探究

将海洋文化遗产进行产业化开发，必须参照案例的独特性优势，以遗产保护为中心，用可持续的发展观点设计发展路径，其产业化目标在于遗产保护与增值收益。

（一）打造遗产品牌

"文化资源作为旅游业发展的基础性资源和旅游者追求文化享受的重要载体，在旅游业中占据越来越重要的地位，正在成为旅游的灵魂和支柱。同时，旅游又是文化资源开发最主要的途径之一，二者紧密结合，不可分离。"海洋文化遗产是海洋文化旅游产业的核心旅游资源，打造海洋文化遗产的品牌是文化遗产产业化运作的途径之一。

（二）形成遗产资源链

海洋文化遗产容纳量庞大，其中除广为公众所知的遗产资源，即已被发现的文化遗产，更有许多不为人知的遗产资源，即尚未被发现的及失传或是濒临失传的文化遗产。

对海洋文化遗产资源进行产业转化，整合文化旅游资源而形成遗产资源链，有助于对海洋文化旅游资源的进行有效开发。

（三）构建文化旅游产业链

通过打造完整的产业链条，对核心产业及文化旅游资源进行深入开发、生产和出售，在自身盈利的同时，为周边产业提供市场附加值。国外许多城市都有打造产业链的成功例子，沿海城市可借鉴此类案例发展海洋文化旅游产业，例如，建造古船文化主题公园，使经济价值延伸到其他相关产业当中，核心产业带动延伸产业共同发展。

（四）开发文化产品

将海洋文化、历史文化、民俗文化等文化内涵，以产品和服务为载体进行传播，增强了旅游活动参与性，也提供了审美等情感享受。

（五）加强海洋文化人才队伍建设

对本地海洋文化遗产方面的人才进行培养，引进外地、其他领域的优秀文化产业专家，建立了解文化产业、海洋产业和遗产保护的人才队伍；制定奖励机制，设置荣誉称号或奖项，扶持和奖励做出重大创新和突出贡献的人才；建立人才管理机制和办法，探索建立专家数据库，纳入文化遗产保护、海洋文化、经济产业、旅游产业等领域专家，加强人才储备。

第十章　海洋资源的管理

海洋资源指海洋中一切能供人类利用的天然物质、能量和空间的总称，包括海洋生物和非生物资源，主要包括海洋生物资源、海洋矿产资源、海洋空间资源、海水资源、能源资源以及海洋旅游资源等。海洋资源管理就是国家政府部门对其管辖范围内的海洋资源的开发、利用和保护等行为，通过行政、法律、思想教育、经济技术等手段进行规划、调控、指导、组织、控制、协调、监督和干预等的过程，主要目的是为了保障海洋资源的可持续开发和利用。

第一节　海洋资源管理概述

一、海洋资源管理的内涵

(一) 海洋资源管理的概念

管理是为了有效地实现组织目标，由专门的管理人员进行持续的有意识、有组织的协调活动。管理的四要素包括管理主体、管理客体、管理目标和管理职能。

海洋资源管理，主要是通过海洋功能的区划和开发规划，组织、协调、控制海洋资源开发利用活动，以形成科学的海洋生产布局和合理区域开发利用结构，实现资源可持续利用的目的的综合性活动。

海洋资源管理具有如下几个方面的含义：

(1) 海洋资源管理的主体是国土资源部、国家海洋局、农业部、交通运输部、环境保护部和中国气象局等。

(2) 海洋资源管理的客体是海洋和海洋开发利用中产生的人与人、人与海、海与海之间的关系。

（3）海洋资源管理的基本任务是保护国家海洋资源综合收益权，调整海洋关系和管控海洋资源开发利用。

（4）海洋资源管理的目标是不断提高海洋资源开发能力、发展海洋经济、保护海洋生态环境、维护国家海洋权益。

（5）海洋资源管理的手段包括行政手段、经济手段、法律手段、技术手段、军事手段。

（6）海洋资源管理的职能是计划、组织、协调和控制。

（二）海洋资源管理的内容

海洋资源管理的基本内容，是由海洋资源管理的目的和任务所决定的，主要包括基础管理、用海管理、措施管理。

1. 基础管理

基础管理是海洋资源管理的基础，其任务是认识海洋资源的属性，摸清海区内海洋资源的数量和质量状况，制定管理的基本规范，为海洋资源管理各项工作提供基础资料。

2. 用海管理

用海管理是海洋资源管理的核心，其根本任务是对海洋资源开发利用实现宏观控制和微观计划管理，保证海洋资源在开发利用过程发挥最大生产力，主要包括海洋功能区划的编制、实施和管理，海域使用论证、使用权流转和监督检查，以及海洋资源利用与可持续利用海洋资源的集约与可持续利用，以及海洋生态保护与修复等监督和调控活动。

3. 措施管理

措施管理是管理实现的手段，包括海洋资源利用过程中的一系列法律的、行政的、经济的和生态的手段和措施。这三部分是相互联系、不可分割的总体，构成了海洋资源管理完整的科学体系。

二、海洋资源管理的性质与原则

（一）海洋资源管理的性质

海洋资源具有三重性，它既是自然物质资源，又是社会经济关系的客体，还是国家领海基线的基点。所以，海洋资源管理同时具有自然属性、社会经济属性和权益属性。

1. 海洋资源管理的自然属性

海洋资源管理的自然属性表现为处理人与海的关系。这指的是人类在开发利用海洋资源的过程中要了解与尊重海洋的自然特征和人的相互作用的规律，实现海洋与其他生产要素的科学有效结合，提高海洋资源利用的经济与生态等方面的效益。

在人类需求增长的同时，渔业技术的不断进步使渔业捕捞能力迅速提高，渔业资源变得越来越稀缺。海洋资源管理的过程中应当重视资源的自然属性，采取相应的管理措施，促进海洋资源可持续发展。

2. 海洋资源管理的社会经济属性

海洋资源管理的社会经济属性表现为海洋资源开发利用过程中人与人的关系。海洋资源开发利用活动是在一定的生产关系下进行的，海洋资源作为一种生产资料参与生产，必然会导致人与人之间发生以海洋资源为客体的多种关系。海洋资源管理就是通过协调人与人之间在海洋资源的开发、使用、收益分配、处置等方面的关系，从而合理利用和保护海洋资源，最终达到体现国家意志的海洋资源可持续利用的目的。

3. 海洋资源管理的权益属性

海洋资源管理的权益属性表现为国家在海洋上获得的属于领土主权性质的权利，以及由此延伸或衍生的部分权利。海岛作为海洋资源的重要组成部分，是确定国家领海基线的基点，对划定国家的领海范围和专属经济区，维护国家海洋权益等有着关键性作用。海洋作为国家安全的国防屏障，通过外交、军事等手段，防止发生海上权益冲突。

(二) 海洋资源管理的原则

1. 统一规划、区划和因地制宜原则

海洋资源的种类、分布、储量均有客观的规律性。无论海岸带和海底资源，还是海水和海洋能资源都是如此。对于海洋资源开发利用的社会生产实践，决定其发生、发展的基本制约因素有两个，一是社会对某种资源的需要和开发能力；二是海区蕴藏着这种资源并拥有符合标准的储量、品位和开发条件。为了实现海洋资源管理的目标和海洋资源开发的较好效益，必须根据资源的海区分布规律和所处的自然与社会条件，因地制宜地指导、组织各类海洋资源开发，不能脱离具体海区资源的分布特点与丰度，安排各种资源的利用活动，否则就难以达到预期目的。

2. 生态效益原则

人类活动对自然界会产生巨大影响是毫无疑问的，随着社会生产力的发展，人类对自然的影响不断增强，尤其是现代，全球陆地资源开发力度空前加大，并呈现危机之势的背景下，人类开始了对更为广阔的海洋资源与空间的开发利用。与此相伴随，海洋生态和水产生态环境所受到的影响与干扰也越来越大，不少沿海和近海区域的自然生态与生境失去平衡，严重者已造成生态系统的物质与能量循环过程和机制被打破，有的海区生态系已发生断层和生态系异化。

为了维持海洋里可再生资源的再生产过程和良性循环，海洋管理必须控制海洋开发的科学性、合理性和速度，尽量减少对海洋生态系统和生态环境的损害，使之基本上处于平衡状态。

3. 开发与整治相结合

所有的自然资源，既有可供利用的属性，也具有可供整治和建设的属性。不论科学技术多么发达，也不论资源管理多么有效，事实上都不能完全消除开发对海洋及其资源的不利影响。在不断的开发下，即便是可再生的海洋资源，也会呈现衰退之势，这种规律是资源在利用中不可避免的。因此，为了资源的持续利用，就需要在开发资源的同时，大力进行资源的整治恢复和建设。

海洋资源管理应注重控制开发的合理、适度。但是，这些措施仍不能认为是最积极的，真正富有人类生命力的是创造性，是遵循自然规律整治建造资源的巨大力量。同时也只有大力加强资源的建设，才是更高层次上的海洋资源管理主旨。在海洋管理中，应更突出地重视海洋资源的改善建设工作，将其贯彻到管理活动和开发利用实践的所有方面上去。

另外，海洋管理适用正确处理国家、集体和个人三者关系原则；经济、社会、环境和资源效益统一原则；持续产量和最适产量原则，所谓持续产量，按照多数专家意见，可解释为：在不损害海洋生产力的情况下，使各种海洋再生资源的年产量或正常周期生产量达到和永久保持高水平。而能够维持这种状况的产量，即是最适产量；依赖性原则，这是不易理解和把握的原则，但在海洋资源管理中还是比较重要的。

第二节　海洋资源的开发问题及对策

一、海洋资源开发存在的问题

我国在海洋资源管理方面进行了许多探索和尝试，但也显现出许多迫切需要解决的问题，主要有：①海洋生物资源开发过度，致使部分海域生物资源出现衰退甚至枯竭的现象；②海岸及其近海海域环境污染加重，水域环境质量急剧下降，因污染引发的灾害（如赤潮）大量增加；③海底挖砂和海岸工程建设等活动导致大量海岸侵蚀现象出现；④围填海造地等活动对海岸带生态系统造成破坏，尤其对红树林、珊瑚礁及河口湿地等生态系统的破坏最为严重；⑤海洋资源多头管理和争抢资源的现象严重，导致海洋资源管理效率下降①。与发达国家相比，我国海洋资源开发和利用的总体水平还比较落后，在思想意识、技术装备、经济效益和科学管理等方面都还存在着较大的差距和不足，这已经成为我国海洋资源进一步开发利用的阻碍，因此，加强对海洋资源的科学化管理是摆在我们面前的一项重要任务。

（一）缺乏总体规划和统一政策

自《联合国海洋法公约》生效后，全球海洋的1/3已经成为世界各沿海国和岛屿国家的管辖海域，深海大洋的竞争非常激烈。迈入21世纪以来，美国海洋政策委员会发布了美国《21世纪海洋蓝图》，公布了《美国海洋行动计划》，全面修订了海洋政策目标，制定了新海洋政策的指导原则和行动建议②。其他海洋大国也都纷纷修改和制定本国的海洋政策和开发战略，力争在海洋经济、科技和管理竞争中占据领先地位。

中华人民共和国成立以来，党中央十分重视我国海洋事业的发展，尤其高度关注海洋资源的开发利用，先后制定和颁布了《全国海洋功能区划》等一系列海洋资源开发规划，尤其是党的十六大提出了"实施海洋开发"战略方针，国务院发布《全国海洋经济发展规划纲要》则第一次明确提出了"逐步把我国建设成为海洋强国"的目标，将海洋经济视为中国经济布局的重要组成部分，党和国家领导层越发重视海洋的战略地位。

但是，从整体上看，目前我国缺乏统一、完整、清晰的可指导海洋事业各方面协调发展的国家海洋总体政策，缺乏从整体上对我国海洋工作进行统筹规划的能力。

（二）海洋资源管理立法缺乏系统性

我国的海洋立法，尤其是专项海洋法规已取得了巨大成就，先后制定了一批有关海洋资源保护的法律，主要包括《中华人民共和国海域使用管理法》《中华人民共和国渔业法》《中华人民共和国土地管理法》《中华人民共和国矿

---

① 王淼，贺义雄. 完善我国现行海洋政策的对策探讨 [J]. 海洋开发与管理，2008，25（5）：33-37.

② 伍业锋，赵明利，施平. 美国海洋政策的最新动向及其对中国的启示 [J]. 海洋信息，2005，186（4）：27-30.

产资源法》和《中华人民共和国环境保护法》等①。海洋资源管理的法制建设对海洋资源管理具有重要作用，它是保证海洋资源管理体系形成、巩固和完善的条件，也是保证海洋资源有效开发利用、海洋生态环境有力保护和海洋综合效益显著提高的基本保障。

但因不同法律法规的制定背景和目标不同，在执行过程中往往发生冲突，同时各海洋部门因管理出发点不同，在管理中也易发生冲突，从而增大海洋管理部门的管理难度。

（三）海洋生态环境保护压力巨大

在全球气候变化、经济全球化、人口经济布局趋海化、海洋环境污染、过度与非法捕捞、生态破坏与外来物种入侵等多重压力下，我国海洋生态环境面临持续恶化的压力。陆海统筹的沿海陆源污染监控机制仍未完全建立，近岸海域近40%的海水水质劣于一类海水水质标准，陆源污染物入海排放是海洋环境污染的主要根源，排放量有增无减，控制难度大。近岸海域红树林、芦苇湿地、海草床等典型海洋生态系统服务功能急剧衰减，珊瑚礁盖度显著下降、群落结构发生明显变化。沿海大量布局石油化工、钢铁冶炼、装备制造等高污染、高能耗、高生态风险和资源消耗型项目，海洋溢油、有毒化学品污染风险加大等，应对突发海洋环境污染事件的响应和处置机制亟须加强。

（四）海洋开发利用、管理和管辖意识不强

当代新的海洋价值观突出地表现在：（1）把国家主权管理尽量向外海延伸，加强国家对管辖海域的实际控制能力，使国家海洋国土具体化；（2）大力推进海洋调查研究，加强海洋资源开发利用的力度和层次，增加海洋开发投资，加快海洋经济的发展；（3）提高海洋在国家经济发展中的地位。在我国并没有围绕这些问题形成深刻的海洋开发利用、管理和管辖意识，海洋意识不强主要表现在：

1. 对海洋的价值理解不全面。当前我国的海洋开发热是围绕海洋资源开发展开的，海洋资源开发已在我国初见成效，但是，由于海洋资源开发难度大，技术要求条件高，再向更深层次发展，还受到许多条件的限制。由此往往造成对海洋现实价值的淡化。

2. 对海洋资源管理缺乏深刻理解有待进一步加强。目前我国海洋资源管理无论在思想认识上，还是在实施上都有待进一步深化，存在的主要问题是：

---

① 陈莉莉. 完善我国海域使用管理制度的法律思考 [J]. 管理观察，2009（15）：239-241.

（1）海洋资源管理工作重视不够，手段简单；（2）过分夸大了海洋环境保护工作在海洋资源管理工作中的作用；（3）海洋资源管理工作的技术和装备不能全面覆盖重点管理海域，更难覆盖全部管辖海域；（4）海洋资源管理缺乏总体考虑等。

3. 对我国管辖海域的管辖意识有待加强。海洋不仅蕴藏着其丰富的资源，还把全球经济联为一体，而与世界的商品经济和我国的开放政策息息相关。因此，我国管辖海域面积的大小和海上交通要道的有效控制，对于我国十分重要。属于我国的领海和管辖海域要树立寸海必争，寸海不让的思想；要特别重视出海口和海上交通要冲的有效管理和控制，要把陆地国土和管辖海域联系在一起，树立"大国土"观。

（五）海洋资源管理尚未形成科学的管理体系

长期以来，我国海洋资源管理主要采取由政府多个部门同时负责，缺乏强有力的综合管理部门，实践中对海洋资源的综合管理协调难度很大，极易导致各管理部门仅以局部利益为中心，当资源开发和管理法规发生矛盾时往往以牺牲资源管理来服从资源开发，不能充分发挥好管理部门的职能，严重影响着资源管理工作正常有效地开展，甚至可能造成对海洋资源管理失控。面对海洋资源行政管理体制存在交叉和空白，亟须认真研究，努力建立科学合理的海洋资源管理体系。

二、应对海洋资源开发问题的解决策略

（一）系统完善法律法规建设，加强对海洋资源管理的总体规划

我国应在现有涉海法规的基础上，重新规划海洋资源立法体制，协调海洋资源保护职能部门、整合各单行海洋资源法律法规，理顺海洋各行业主管部门与国家海洋管理部门之间的关系，协调各相关法律法规之间的关系，尽量避免不同法律法规间内容的重叠交叉，同时要加快中国海洋法规与国际海洋法规接轨，扩大海洋立法方面的国际合作与交流，尽快系统地完善我国的海洋法律体系建设。

加紧对我国海洋资源的开发管理开展总体规划。从国家层面上统一政策，整合现有的海洋战略部署和规划，形成统一清晰完整的国家海洋总体规划和方针政策。根据我国不同海域自然条件不同，在实施国家海洋总体规划的基础上，因地制宜地进行功能区划和开发规划，这样才能正确指导我们合理开发利用海洋资源，才能形成合理的海洋产业布局。

（二）建立海洋资源综合管理机制

为保证高效合理开发和保护我国海洋资源，应重新审视我国现行海洋资源行政管理体制，对涉及海洋资源各职能部门明确分工并建立规范和固定的协调机制，鉴于各类海洋资源的关联性建立统一的、更具有权威性的海洋综合管理机构，协调组织和统一管理海洋资源的开发和保护活动，建立海洋资源综合管理机制。

海洋综合管理机构根据国家的总体经济发展规划，协调各涉海行业和部门间的利益、矛盾关系，保护和可持续利用海洋中的各种资源，保证各行业协调发展，提高我国海域的持续和综合效益。相对于行业部门管理，海洋综合管理更加符合海洋管理的本质，并为解决涉海各部门和行业的政策冲突提供了有益的制度安排和畅通的协调渠道。

（三）加强宣传教育，培养人们对海洋资源的可持续发展意识

联合国通过的《21世纪议程》，把海洋作为有助于实现人类可持续发展的重要财富。我国颁布的《中国21世纪议程》，也把海洋资源的可持续开发与保护作为重要的行动方案之一。因此应牢固确立海洋对人类发展起重要基础作用的意识，增强自觉地保护海洋资源环境的意识，从而保持海洋生态系统的正常运转，保证可持续发展战略的实施。要加强宣传教育，使全体国民懂得保护海洋资源和海洋环境的重要意义。

海洋生物资源为人类提供着大量蛋白来源，但近年来由于捕捞强度过大，大量海洋生物数量急剧下降，这就需要渔业主管部门能提供较为准确的渔场资源预报，结合资源预报进行可持续利用渔业资源的宣传，使人们清楚当前应捕生物量，还需留下多少资源以备以后永续利用。当人们共同投入到海洋资源保护和合理利用工作后，将大大提升海洋资源管理效率。

（四）创新海洋资源优化配置机制，发挥市场在海域资源配置中的决定性作用

加强集约用海管理，调整用海结构，改变传统的分散、粗放用海方式，制定不同行业项目用海面积标准，防止圈海占海和浪费海域资源。优化区域用海规划平面设计，保护自然岸线，延长人工岸线，打造亲水岸线，减少海域开发对海洋环境的干扰与破坏，提高海域使用的集约性、科学性。推动海洋资源市场优化配置。依法推行海域使用权招标拍卖，建立健全海域资源市场化配置机制。

（五）修复近岸海洋生态系统

防治海岸的侵蚀破坏，维护海洋生态环境，要加大力度对已被破坏的海岸加强修复。大力营造、培植红树林和其他防护林，加固堤坝，治理河口。对自然灾害要采取有效的防护措施，建成海洋灾害预警预报系统。

第三节　海洋资源管理的法律与生态管理

一、海洋资源法律管理

（一）海洋资源法律管理实现的阻碍因素

我国的海洋法制建设相对一些发达的沿海国家来说起步较晚，在过去相当长的历史时期内，由于一些传统观念的禁锢，对海洋未能引起足够的重视。因此，在一段时期里，海洋法制建设进程缓慢。党的十一届二中全会后，加强民主与法制建设思想的提出，使我国的法制建设进入一个新的历史阶段，我国的海洋法制建设得到空前的发展，但仍存在一些问题。

1. 海洋立法工作亟须加强

海洋立法不仅为沿海国维护国家的主权和海洋权益提供法律保障，而且还为管理海洋的行政、经济及其他措施提供法律依据。因此，海洋立法在海洋法制化行政管理活动中的作用是不可忽视的。我国现行海洋法律制度的特点是：传统海洋产业单项法规较完善；海洋环境保护立法快而健全；海洋综合管理法规几乎空白；单项海洋法规的协调十分困难。造成我国海洋法制的这种状况的原因固然很多，但立法方面存在的问题不能不说是其中的一个重要因素。表现为立法前期准备不充分、立法程序有待完善、立法时对执法问题考虑不充分等。

总之，在海洋立法活动中，应加强海洋综合管理方面的法律法规的制定，协调好单项海洋法律、法规之间的关系，加大海洋环境保护和海洋资源管理方面的立法工作，强化海域使用的法律体系，使我国海洋法尽快全面地与国际海洋法接轨，保证我国的海洋实践活动在和谐、有序、良好的环境下进行。

2. 海洋执法管理体制滞后

海洋执法体系是否健全和完善，关系到海洋执法过程中执法的具体问题，如执法机关的分工职责、执法机关的权限范围、执法机关之间的协作关系、执法的有效性和力度等问题。总之，一个好的管理体制能够带动所有的工作。目前，我国政府海洋管理法制化的关键是建立、健全海洋综合管理体制，使分散的、法出多门的海洋管理体制得到统一、协调。

3. 海洋执法机构亟待完善

海洋作为特殊的区域，与普通行政执法区域有一定的区别。海洋执法需要一支能适应海洋环境的监视力量，没有这支力量，就不可能发现违法违规的事件，因而海洋执法的行政行为也就不可能产生。此外，海洋渔业、海洋环境、海洋交通安全、海上缉私等行政部门应在国家海洋局的统一指导下，分工协调，各司其职，共同依法管理海洋。

4. 海洋执法队伍素质不高

中国海上执法队伍与海洋行政执法机关是海洋执法活动的主体，肩负着我国海域的海上监督、检察等执法任务，是我国海洋良好秩序的创造者和捍卫者。政府海洋管理人员应该具有较高的海洋法律素养和较多的海洋法知识，才能胜任复杂的政府海洋管理工作。因此，建设一支强有力的海上执法力量是发展海洋事业刻不容缓的一件大事。目前，我国在港监、渔政、交通、治安、缉私等原有执法队伍建设的基础上，更应加强中国海监队伍建设。

(二) 海洋资源法律管理的概念

法是国家按照统治阶级的意志制定或认可的，由国家强制力保证实施的行为规范总和，是实现统治阶级意志的一项重要工具，用以调整人们之间的社会关系，从而达到维护统治阶级的利益和社会公共利益的目的。海洋法是法律体系中的一部分，是用以调整在海洋资源开发、利用和管理中所发生的人与人之间海洋关系的法律规范的总和。

海洋资源法律管理就是国家在海洋资源的管理过程中对法的调整机制的运用，亦即国家通过法律手段来调整以海洋为客体的各种社会关系。这些被用来调整以海洋为客体的各种社会关系的法律规范的总和，称为海洋资源法律。

海洋资源法律管理包括制定海洋资源法律、法规及其他管理制度，依法严格实施海洋资源管理法律，并依照法定职权和程序具体应用法律处理具体案件，即海洋资源管理法律的"立法""执法""司法"过程。其主要任务是运用海洋资源法制手段调整海洋关系，创造并保持能够对海洋资源进行合理开发、利用、治理和保护的社会环境条件。

海洋资源法律，具体来讲，是国家制定或认可的，由国家强制力保证实施的，以行政或民事调整方法调整因确认海洋资源所有权、取得和转让海洋资源使用权、开发利用海洋资源、与海洋相关的其他权利以及因规划管理海洋资源而产生的各种社会关系的法律规范。海洋资源管理法律与其他法律的根本区别在于，海洋资源法律的调整对象是海洋关系，即以海洋为客体的各种社会关系，如海洋资源所有权关系、海洋资源使用权关系、海洋资源利用关系、海洋资源保护关系、海洋资源管理关系等。

（三）政府海洋管理法治化

1. 政府海洋管理法制化的内涵

政府海洋管理法制化，就是通过法律对国家海洋管理的各项活动、各个环节进行调节和规范，将海洋管理的一系列技术方法、协调手段、行为方式、步骤和程序法制化，为政府管理海洋提供法律依据和法律保障。即：为了达到海洋管理规范化目的，以海洋法形式规范海洋实践行为，并形成对海洋法进行合理调整的法制机制的过程。其中，海洋管理规范化是海洋法制化的前提；以海洋法来规范海洋实践行为是其最高形式；而形成海洋管理法制机制才是其最终目的。

政府海洋管理法制化包括两方面内涵：一是指政府海洋管理法制化活动，即国家及地方海洋行政管理部门在法律规定的权限范围内，对国家及地方海域使用活动依法行使管理权，贯彻实施国家在海洋开发、利用方面的方针、政策、法律、法规和各项规章制度，保证国家的管理意志得以实现。二是指政府海洋管理行为法制化，即对海洋行政机关自身行为的管理活动。比如，海洋行政机关的设立活动是否合法，执法体系是否健全和完善等。

2. 基于《公约》政府海洋管理路径

（1）完善政府海洋管理体系

我国目前的政府海洋管理并不理想。一是中央和地方海洋管理机构职责分工目前基本上按区域依领海基线和海域面积确定分工标准。这种分工方法实践不完全可行。二是我国现行海洋管理实行以行业管理为主，行业管理与综合相结合的管理体制。以行业管理为主具有政企合一性质，水产、交通、盐业管理部门既是海洋经济开发主体，又是某方面行政管理主体。因此，它们在从事管理行为时易受自身利益影响，部门之间易发生扯皮和越权现象。为克服此一弊端应当加强主管部门的权威性，对海洋事务进行统一管理。

《公约》已成为我国涉海立法和执法管理必须遵循的国际法。为了强化政府管理机构作为国家主要的涉海执法部门，践行《公约》赋予的职责，提高政府海洋管理机构在海洋执法中的地位并发挥应有的作用，切实维护国家海洋权益，实行海洋更安全、更清洁的管理目标，就必须对现行的管理模式进行必要的改革和调整，整合管理资源，提高监管手段和效率；就必须根据《公约》的规定对海事法律进行修订，健全海上海事执法依据；就必须发展我国沿海海洋的立体化管理，加强海洋监管力度和有效性；就必须加强部门间的联合执法，实现海洋活动的统一管理，更好地维护国家海洋权益。

（2）完善法律法规、增强海洋意识

要充分认识《公约》对政府海洋管理工作的重要性。《公约》是至今为止层次最高、内容最全面、规定最明确的一部调整世界海洋关系的根本法，涉及国家主权和海洋权益、海洋资源开发利用、海上交通安全、海洋环境保护、海洋科学调研等活动，被世界各国誉为"海洋宪法"。《公约》的实施标志着新的国际海洋法律的确立和人类和平利用、全面管理海洋时代的到来。

要以《公约》为基础，以我国政府海洋管理法律为依据，完善我国海洋行政法规，保障和增强政府海洋管理机构管理海洋的职权。在以后出台的海洋行政法规和规章中，要将《公约》所赋予的管理职能具体化，具有可操作性，最大限度的发挥保护和管理海洋的职能，特别是在保护海洋环境、防治海洋污染方面需要做更广泛深入的研究和探讨。同时，要在海洋行政执法队伍中大力开展维护国家海洋权益、树立"海洋国土"意识的宣传活动，让更多的人了解海洋知识，了解海洋国情和海洋危机，了解政府海洋管理的深刻意义，增强保护海洋的信心，树立海洋权威，弘扬海洋文化。

（3）加强国内和国际的海洋合作

加强部门间的联合执法、实现海洋海事活动的统一管理。政府海洋管理国际性强、涉外问题多。我国与多个国际组织有日常业务联系，与七八个周边国家有频繁的海上活动通报、争议事件交涉与合作。世界海洋上还有海洋交通、海洋渔业、海洋科研和战略运用等方面的利益，以及南极、北极的科学考察，国际海底资源勘探，维护我国在公海、国际海底和极地的权益和利益等任务。这些需要及时快速处理的非军事的涉外海洋事务，是维护海洋权益的重要组成部分。我国现有海上执法力量包括海洋、海事、渔政、海关和边防等部门所属执法队伍，海上执法力量因分散于不同部门，执法力量的作用不能有效发挥，严重降低了应有效能，造成海上行政执法资源的浪费。另一方面，由于执法职能交叉，影响执法活动的有效进行，导致个别领域出现执法真空，而国家有限的财力和物力被分散，难以发挥应有的作用。海上执法力量的协作和协调问题显得尤为重要。国务院应该有独立的、层次较高的工作机构来承担，形成密切协调的海洋执法管理体系。按照平等结合的原则组建统一的海上执法队伍，实现海洋活动的统一管理，增强海洋监管能力。

积极参加国际海事管理、加强国际海事合作。海洋的国际性决定了政府海洋管理的国际性。近年来，公约的政治含义的成分不断增加，如国际海事组织通过的《国际船舶和港口设施保安规则》在处理港口国与沿海国管辖上的内容和公约的传统含义有较大突破。因此，加强对公约的研究就显得更加需要和迫切。总体而言，公约是原则，国际海洋组织和其他组织制定的公约是具体实践。只有正确地掌握一般原则，才能对相关公约的目的和意义有深入的理解，才能在一般原则的基础上，结合我国实际情况，通过制定国内法规做好履约工作，并运用其原则不断完善我国海洋法律体系。《公约》第 311 条规定："公约应不改变各缔约国根据与本公约相符合的其他条约而产生的权利和义务，但以不影响其他缔约国根据与本公约享有其权利或履行其义务为限"。这一规定明确了一个基本原则，即其他海洋公约、规则和标准不应影响公约规定的缔约国的权利和义务。坚持这一原则，对在我国参与国际海洋组织以及其他海洋管理组织事务，在参与制定、修改海事公约、规则、标准时，坚持必须符合公约建立的有关船旗国、港口国和沿海国的不同职责、义务原则，不同海域的法律地位原则，国际合作与技术转让原则，发展中国家原则等具有深远的意义。因此，加强对《公约》的研究，运用和坚持《公约》的原则，加强海上监管能力，才能有效开展国际合作，维护国家海洋权益。

（4）履行政府海洋管理职能、维护海洋权益

《公约》在我国实施以来，作为主管海洋安全和海洋环境保护的政府海洋管理机构取得了较快的发展，为国家海洋安全和海洋环境保护做出了积极的贡献，但政府海洋管理中仍存在一些急需解决的问题，包括：海洋受污染情况比较严重，沿海水域资源存在外部争端，法律法规需要进一步完善，海上执法任务的部门繁多、缺少统一的协调指挥，海洋管理机构的执法模式和手段不适应海洋管理的长远需求，海洋管理机构强制执行权的力度不够，未建立沿海水域船舶防污染的监测、监视机制，未建立区域间有效合作机制等。按照《公约》第 220 条和第 221 条以及《MARPOL73/78》公约的报告要求，完善防污染检查机制，并将检查扩大到领海无害通过管理和专属经济区的违章排放的发现和调查。健全和规范目前按照 1990 年《国际油污防备、响应和合作公约》（OPRC 公约）建立的油污应急机制。另外，政府海洋管理机关应推进设立国内油污损害赔偿基金的进程，以利于进一步保护我国海洋环境和海上利益。对于《公约》第 25 条，目前最敏感的问题是与海洋监督管理密不可分的保安与反恐问题。我国需要进一步完善相关法规，明确政府海洋管理机构对港口和海上保安的职能，解决海洋管理与政府专事保安部门的职责分工和界面衔接问题。要依据《公约》的规定，修改完善政府海洋管理法规，建立新的政府海洋管理法规体系，以维护国家权益；通过加强涉海部门联动和海事合作，形成

海洋维权合力；以海洋信息化建设为突破口，保证切实履行政府海洋管理职能，提升政府海洋管理机构的海洋维权能力。

二、海洋资源生态管理

（一）海洋资源生态管理的概念与依据

1. 海洋资源生态管理的概念

海洋利用是指人类为海洋所设定的用途（如农渔业区、港口航运区、工业与城镇用海区、旅游休闲娱乐区、海洋保护区），也包括海洋开发、利用、保护、治理的过程或行为。它具有生产力和生产关系两方面特征，即既有海洋生产力的提高，又有海洋关系的协调。后者是指人们在生产活动过程中所建立的海洋社会关系和利益分配机制。海洋管理，其一是指人类经营利用海洋的方式；其二是指对占有、使用、利用海洋的过程或行为所进行的协调活动。不管是哪一种含义，其目的都是为了提高海洋利用系统的功能和效率。由于海洋利用系统是一个经济、生态和社会的复合系统，因此海洋管理的核心任务就是调节社会经济与自然生态的关系，使二者协调有序、共同发展。

海洋资源生态管理作为海洋管理研究新的发展领域，不同学者往往是根据不同的研究背景对其内涵持有不同的见解。

从生态学的角度来看，海洋资源生态管理可以认为是生态系统管理，是指应用生态学理论、技术和方法，通过调控生态系统的结构、功能和过程，来实现生态系统与社会经济系统的协调平衡和可持续发展。若从海洋生态学的视角来看，海洋生态管理实质上是海洋利用与生态系统管理的耦合，即按照海洋利用的生态规律，以保持海洋生态系统结构和功能的可持续为目标，对人们的海洋利用行为进行调整、控制及引导的综合性活动。在海洋管理工作实践中，海洋资源生态管理也往往被认为是一种海洋资源的生态化管理，即以生态理论为指导，以实现海洋生态化和可持续利用为目标的活动，不仅追求海洋自然状态的生态化，更重要的是追求自然、社会、经济的和谐统一。其内涵表现为两个层面：一是以生态理论为指导，对海洋利用、开发进行合理布局和规划；二是海洋管理结果是质与量的统一，在保证海洋资源总量动态平衡的基础上，实现持续的海洋生态协调化。

基于上述不同研究领域的观点，结合海洋管理的基本内涵，我们认为海洋资源生态管理的定义可以表述为：以实现海洋资源可持续利用为导向，针对海洋资源利用中的突出生态和环境问题，应用生态学的理论与思想，所实施的一系列技术、经济和政策法规措施。从技术层面来看，海洋资源生态管理往往表现为海洋生态建设，即针对外来物种入侵、海水酸化、富营养化、海洋灾害等所采取的相应治理措施。从管理层面上来看，海洋资源生态管理往往表现为通过生态补偿等经济手段、制定专门的法律法规等政策手段，来对海洋利用中的生态和环境问题进行宏观调控与管理。

2. 海洋资源生态管理的依据

资源是一个与社会经济发展水平，与人类对自然、环境和客观世界的认识及利用有关的经济范畴，广义的资源是一个自然—社会—经济复合概念，包括一切能为人类利用、形成财富的潜在物质和能量的因素，是人们进行生产与生活需用的诸要素的集合体。

我国既是陆地大国又是海洋大国。要保障国民经济持续、快速、健康发展，必须在可持续利用"黄土地"的同时，合理开发利用"蓝色国土"，积极利用世界海洋资源，建设海洋经济强国。我国海洋可持续发展战略的基本思路：有效维护国家海洋权益，合理开发利用海洋资源，切实保护海洋生态环境，实现海洋资源与环境的可持续利用和海洋事业的协调发展。我国海洋可持续发展战略的总体目标是：建设良性循环的海洋生态系统，依据海洋资源的承载能力综合开发利用海洋资源，形成科学合理的海洋产业开发体系，促进海洋经济可持续发展。其具体战略目标包括以下 4 个方面。

（1）采取各种有效措施，保证海洋资源的可持续开发利用。要逐步恢复沿海和近海的渔业资源，发现新的捕捞对象和渔场，为海洋捕捞业的持续发展提供资源基础；保护滩涂和浅海区的生态环境，培育优良养殖品种，为海洋农牧化的大规模发展创造条件；扩大油气资源勘探区域，发现新的油气资源；依据深水深幽的原则安排好不同规模的港口建设；对适宜于旅游娱乐的岸线、海滩、浴场和水域加以保护预留。

（2）有效促进海洋经济的可持续发展，为实现国家总体战略目标做出应有贡献。进入 21 世纪，逐步使海洋产业产值占到国内生产总值的 5%~10%，占沿海地区国内生产总值的 20%~30%；海产食品占全国食品等价粮食的 10%，工业用海水和生活用海水占全国用水总量的 10% 以上。

（3）优化海洋产业结构，使海洋产业群不断增殖扩大。根据《全国海洋开发规划》提出的设想，中国海洋产业发展的战略部署是：改造和提高海洋捕捞业、海洋交通运输业、海水制盐业等传统产业，发展海洋油气业、海洋旅游业、海洋农牧业、海洋医药等新兴产业，积极勘探新的可开发海洋资源，发展海洋高新技术以促进深海采矿、海水综合利用、海洋能发电等潜在海洋产业的形成和发展，推动海洋经济逐步成为国民经济的新增长点，到 21 世纪中叶建成各种类型的海洋生产和服务基地。

（4）加强海洋资源开发的同时，有效保护海洋可持续开发利用的良好生态环境基础。减缓并逐步控制近岸海域污染和生态破坏的趋势，保持近海水域的良好状态，使重点河口、海湾环境质量好转，减轻海洋环境灾害，改变海洋环境质量与经济发展不协调局面；到 21 世纪中叶，在重要渔场和农牧化基地建立高产优质人工渔业生态系统，海水、底质和大气质量满足海洋功能的需要和自然规律，保护好重要生态系统、珍稀物种和海洋生物多样性。

（二）海洋资源生态管理的原则与方法

1. 海洋资源生态管理的原则

（1）保持和提高海洋资源的生产性能以及生态功能

从持续利用视角看，海洋资源利用所获得的财富和利益是不断增加的，至少能维持现有水平。不应采取掠夺式的经营导致海洋生产性能下降，造成海洋生态功能的退化。海洋生态管理有利于降低海洋资源开发可能带来的风险性，使海洋产出稳定。在海洋资源的开发过程中，有许多因素是不确定的，一些海洋开发利用的效应在当时是难以预料的，为此必须进行开发的后效分析，建立降低生态风险的海洋资源利用模式。

（2）保护海洋资源的数量和质量

海洋资源的持续利用包含量与质量方面，一是数量的概念。海洋渔业可持续发展必须要有一定数量的渔业用海作保障，如果渔业用海数量大幅度下降，会影响食物安全保障。二是质量的概念，即海水质量不恶化（包括酸化、富营养化和海洋污染等各种形式的恶化）。仅有数量没有质量保证的海洋资源也不能满足经济增长、环境保护和社会进步的协同发展，只有质与量的统一才能保证海洋资源被公平地留给下一代。这样可能在某些方面要放弃暂时的经济利益，但从长远利益看，收获会更丰富。

（3）海洋利用在经济上必须合理可行

人们开发利用海洋的活动受制于市场经济规律，其目的在获得经济利益，因此海洋利用应能促进社会经济发展，增加人们的福利，否则，这种海洋利用方式在成本—效益分析中是不合理的。

（4）海洋利用能被社会接受

海洋资源的持续利用应该能促进人民生活质量和社会文明程度的提高，满足人们的需求，这样才能被社会所接受，如果某种开发利用海洋资源的方式不能被社会接受，这种方式肯定是不能持续的。当然社会接受性应具有全局的意义，有时某种海洋利用方式对某个区域和某个阶层来说是有意义的，但对整个社会来说是有害的，那么这种海洋利用也肯定不能持续，因为社会不允许其长期存在。

（5）海洋景观与生物多样性得以保持

景观是反映过去海洋利用实践的人类历史和遗迹的证据，蕴藏着人类的重要信息和文化传统。它可以作为海洋资源持续利用管理的活样板，并为人们提供美与愉悦及享受自然与文化多样性的机会，如中国大连海王九岛海洋景观、别具特色的海滨地貌形态景观等具有这方面的功效。生物多样性是指从种群到景观尺度上的生物和生态系统的多样化。动物、植物和其他生物有机体的数量和种类是通常的生物多样性定义（如物种丰富度）。但是生物结构和功能的多样性概念还应扩大到基因、生境、群落和生态系统，所有这些等级的多样性都具有其相应的生态价值。如果没有生境和生态系统的多样性，物种的多样性就不可能实现；如果所有这些等级多样性都不存在，自然界的基本服务功能就不可能维持。

2. 海洋资源生态管理的方法

生态系统管理的方法就是将人类社会和经济的需要纳入生态系统中，协调生态、社会和经济目标，将人类的活动和自然的维护综合起来，维持生态系统健康的结构和功能，在此基础上使社会和经济目标得以持续，既实现生态系统的持续发展，又实现经济和社会的持续发展。

生态系统管理方法论一般包括9个步骤：（1）调查确定系统的主要问题；（2）当地居民的认知和参与；（3）政策、法律和经济分析；（4）确认管理的目标和对象；（5）生态系统管理边界的确定，尤其是确定等级系统结构，以核心层次为主，适当考虑相邻层次内容；（6）制订管理计划，将社会经济数据和生态数据在一个适宜的模型中关联；（7）实施和调控；（8）评价、明确管理方案的缺陷和局限性；（9）制订矫正措施，通过反馈机制进一步促进适应性管理的进行。

与传统的管理方法不同，生态系统管理方法最基本特点体现在它的整体性，它明确承认自然生态系统与经济、社会政治和文化系统间的相互关系，通过生态、经济和社会因素综合控制生物学、物理学的和人类系统，以达到管理整个系统的目的。现有的研究得出：评价生态系统管理的一个重要检验指标是管理是否维持了生态系统的完整性，良好的生态系统管理将保持生态系统功能的完整性。其完整性的组分主要包括生态系统健康、生态系统弹性或恢复力、生态系统潜力等。

高新技术在开发海洋环境探测新仪器方面的应用主要反映在两个方面，即水声探测技术和卫星遥感遥测技术。声学多普勒海流剖面仪的出现是水生探测技术的最新发展。探测方式有船载式、拖曳式、坐底式、自容式、直读式等多种形式，自动化程度很高，不仅可以测量一个垂直剖面上的海流分布，而且测量准确，使用方便，在现代海洋环境探测中得到广泛应用。卫星遥感可获得海洋表层的温度、水色、海平面、波浪、海流等相关信息，广泛应用于海洋环境监测和科学研究。应用卫星定位技术还进一步发展了现场观测技术系统。此外，其他新技术的应用，也推进了海上现场探测技术的发展。运用现代化的监测手段和技术，对海洋环境进行监管，及时发现违规行为，保护海洋环境，监测赤潮等是非常重要的。

为了保障海洋资源的永续利用和可持续发展，有必要采用经济手段对海洋资源进行管理。生态补偿作为一种新型的管理模式，近年来受到较多的关注。生态补偿作为促进生态环境保护的经济手段和机制，最初源于自然生态补偿，是指对生态环境本身的补偿以及对生态行为主体的补偿或收取经济补偿。海洋资源生态补偿包括经济补偿、资源补偿和生境补偿。在实施补偿过程中，要根据国家或地区的具体社会发展状况，人们的意识以及公平性等方面加以考虑，尤其要考虑补偿政策手段的实施对弱势群体的影响和保护弱势群体的利益。目前国际上比较通用的生态补偿制度，主要是通过政府补贴、财政援助、开征生态税和借助国内外基金等方式进行。从国内外生态环境保护的实践活动看，生态税收具有明显的优势。只有采用政策补偿、资金补偿和智力补偿等手段相结合，才能保证海洋生态补偿机制的实施效果。

(三) 海洋生态资源管理的几大手段

1. 法律手段

法律手段是一种强制性手段，在海洋资源的利用中，必须遵循海洋生态系统的客观规律，依法管理海洋利用与开发行为，增强海洋生态功能。广泛地宣传《中华人民共和国海洋环境保护法》《中华人民共和国海域使用管理法》《中华人民共和国海岛保护法》《中华人民共和国渔业法》《中华人民共和国野生动物保护法》等法律，加快制定与海洋生态环境相关的法律法规，不断提高全民的法治观念，形成全社会自觉保护海洋生态环境、美化海洋生态环境的氛围。所以，在认真贯彻执行《中华人民共和国海洋环境保护法》等法律的基础上，应该针对海洋资源退化、海洋利用结构失调、海洋生态环境恶化严重（如海水酸化、富营养化、海水温度上升、外来物种入侵）等问题，建立有效的法律法规体系。同时，对海洋利用实行国家控制的法律制度：按照海洋主体功能区规划的用途管制规则来开发海洋；在规划许可下转变海洋用途；划定海洋自然保护区、海洋生态特别保护区、海洋景观自然保护区等生态用海，优先保护各类生态用海；实行城乡增长管理，控制城市、农村建设盲目扩张而滥占用海的现象；加强海岸带整治修复规划与制度建设，整治损毁海洋与污染海洋，严格控制在生态脆弱地区开发利用海洋，积极防治海洋环境恶化。

2. 行政手段

由于海洋生态系统内的资源类型多，其中海洋资源又不同于其他资源，具有数量有限、位置固定、利用方式不易改变等特性，而且是各行各业部门发展不可缺少的生产要素，所以海洋生态系统的管理需要行政手段的适度干预。比如建立强制性的海洋生态环境影响评价制度，迫使用海单位在决策中重视其行为的生态环境后果；又比如编制海洋功能区划，确立一定时期内海洋资源的利用方向，对海洋资源进行时间、空间上的优化组合，制定详细的海洋用途管制制度，保证海洋功能区划的实施。

在行政管理决策中，现在一些西方学者根据以往的生态环境污染教训，提出今后的政府决策应当把海洋生态环境作为一项重要因素来考虑。决策应有三个新的概念：一个是"自然资本"的概念，即在传统的经济指数外，"自然资本"应作为国民生产总值的一部分在决策中加以考虑；二是引进新的"生活质量"概念，即建立以健康为出发点的客观标准；三是建立"人类共同财富"的概念，即把人类生活条件和基础看作人类的共同财富。所以，保护海洋生态环境就是保护自然资源，保护人类健康，保证国民经济的持久发展。政府制订经济发展规划时要有海洋生态环境目标，经济建设工程的决策和实施要有生态观点，工艺设计要符合自然生态规律，执行规划或决策的实施要重视海洋生态环境影响评价。海洋生态管理措施中还应继续完善生态环境影响评价制度、海洋功能区划制度。

3. 经济手段

由于经济手段在海洋生态环境管理中可以克服行政和法律手段的一些不足，具有一定的灵活性和有效性，能够促使管理系统以最小的经济代价来获得所需要的生态效果，因此，经济手段在生态环境管理中应得到广泛的应用，发挥其重要作用。

在生态环境管理中，经济手段通常和行政法律手段相联系，很难通过一个明确定义把经济手段和其他手段区分开来。一般地说，所谓生态环境管理的经济手段，是指利用价值规律的作用，通过鼓励性和限制性措施，控制海岛消失、减少污染，来达到保持和改善生态环境目的的手段。其特点是：存在着财政刺激；有自发活动的可能性，是生产者、污染者能以他们认为最有利的方式对某种经济刺激做出反应；有政府机构参与，经济手段必须通过行政管理予以实施；通过经济手段的实施能达到保持和改善生态环境质量的目的。海洋环境管理的经济手段按照作用的不同可分为两类：一类是鼓励性的，例如实行税收、信贷、价格的优惠；另一类是限制性的，例如征收排污费、经济赔偿等。

4. 海洋生态规划手段

生态规划及按照生态学原理、方法和系统科学的手段去辨识、模拟和设计人工生态系统内的各种生态关系，探讨、改善生态系统功能，促进人与环境关系持续发展的可行的调控政策。生态规划的最终目的就是要依据生态控制论原理去调节系统内部各种不合理的生态关系，提高系统的自我调节，在外部投入有限的情况下通过各种技术的、行政的和行为的诱导手段去实现因海制宜的持续发展。

5. 术手段

运用技术手段实现海洋生态管理的科学化，包括制定海洋生态环境质量标准、采用海洋生态环境变化的动态监测技术、生产过程的无污染（或少污染）设计技术、废弃物的回收利用技术等。许多海洋生态管理政策、法律法规的制定和实施都涉及许多科学技术问题，生态环境问题解决的程度往往依赖科学技术。没有先进的科学技术，就不能及时发现海洋生态系统环境问题，即使发现了，也难以控制。比如海上油气工程建设、填海造地、海水养殖，常常会产生负面的生态环境效应，这也说明人类还缺乏足够的技术手段来预见人类活动对生态环境的反作用。

6. 宣传教育手段

宣传教育是海洋生态系统管理不可缺少的手段。生态环境宣传既是普及科学知识，又是一种思想动员。通过报纸、杂志、电影、电视、广播、展览、专题讲座、文艺演出等各种文化形式广泛宣传，使公众了解海洋生态环境保护的重要意义和内容，提高全民的生态环境意识，激发公众保护海洋生态环境的热情和积极性，把保护环境、热爱大自然、保护大自然变成自觉行动，从而有效地制止浪费资源、破坏海洋生态系统的行为。生态环境教育也要通过专业的教育培养专门人才，提高海洋生态管理人员的业务水平，落实海洋生态管理政策。

参考文献

［1］ （美）彼得·雅克，（美）扎卡里·A. 史密斯．国际海洋纵览 ［M］．上海：上海译文出版社，2016.

［2］ （美）彼得·雅克，（美）扎卡里·A. 史密斯．国际海洋纵览 ［M］．上海：上海译文出版社，2016.

［3］ （意）马可·科拉正格瑞．海洋经济海洋资源与海洋开发 ［M］．上海：上海财经大学出版社，2011.

［4］ 《海洋面临的污染与保护》编写组．海洋面临的污染与保护 ［M］．广州：世界图书广东出版公司，2010.

［5］ 蔡守秋，何卫东．当代海洋环境资源法 ［M］．北京：煤炭工业出版社，2001.

［6］ 陈明义．海洋战略研究 ［M］．北京：海洋出版社，2014.

［7］ 陈学雷．海洋资源开发与管理 ［M］．北京：科学出版社，2000.

［8］ 崔旺来，钟海玥．海洋资源管理 ［M］．青岛：中国海洋大学出版社，2017.

［9］ 丁金钊，施星平，何建苗．海洋环境保护行政执法实务 ［M］．北京：海洋出版社，2013.

［10］ 董琳．中国海洋功能区划研究——基于海洋环境保护考量 ［M］．上海：上海交通大学出版社，2015.

［11］ 董玉明．海洋旅游 ［M］．青岛：青岛海洋大学出版社，2002.

［12］ 范元炳．海洋与全球环境 ［M］．济南：山东人民出版社，2001.

［13］ 高紫仪．远离海洋污染 ［M］．兰州：甘肃科学技术出版社，2014.

［14］ 管华诗．海洋探秘 ［M］．济南：山东科学技术出版社，2013.

［15］ 郭小勇，徐春红，袁玲玲，张志峰．海洋环境保护标准体系框架构建探讨 ［J］．海洋环境科学，2013，32（01）：150-151.

［16］ 韩鹏磊．海洋的环境保护 ［M］．长春：吉林出版集团有限责任公司，2012.

[17] 郝吉明, 万本太, 侯立安, 王金南, 蒋洪强, 许嘉钰. 新时期国家环境保护战略研究 [J]. 中国工程科学, 2015, 17 (08): 30-38.

[18] 何艳梅. 中国跨界水资源利用和保护法律问题研究 [M]. 上海: 复旦大学出版社, 2013.

[19] 侯红霞. 海之馈赠海洋资源大观 [M]. 石家庄: 河北科学技术出版社, 2013.

[20] 候纯扬. 中国近海海洋海水资源开发利用 [M]. 北京: 海洋出版社, 2012.

[21] 环境保护的未来之路编写组. 环境保护的未来之路 [M]. 广州: 世界图书广东出版公司, 2011.

[22] 冀海波. 拯救海洋 [M]. 石家庄: 河北科学技术出版社, 2013.

[23] 金文姬, 沈哲. 海洋旅游产品开发 [M]. 杭州: 浙江大学出版社, 2013.

[24] 李永祺, 唐学玺. 海洋恢复生态学 [M]. 青岛: 中国海洋大学出版社, 2016.

[25] 刘承初. 海洋生物资源利用 [M]. 北京: 化学工业出版社, 2006.

[26] 刘帅, 瞿群臻. 海洋资源开发与管理现状及对策 [J]. 安徽农业科学, 2013, 41 (16): 7266-7268.

[27] 罗春祥. 生态与海洋旅游 [M]. 长沙: 湖南大学出版社, 2013.

[28] 马英杰, 何伟宏. 中国海洋环境保护法概论 [M]. 北京: 科学出版社, 2018.

[29] 马英杰, 田其云. 海洋资源法律研究 [M]. 北京: 中国海洋大学出版社, 2006.

[30] 马志荣. 海洋资源开发与管理: 21世纪中国应对策略探讨 [J]. 科技管理研究, 2006 (03): 9-11.

[31] 满洪. 海洋环境保护的公共治理创新 [J]. 中国地质大学学报 (社会科学版), 2018, 18 (02): 84-91.

[32] 宁波市科学技术协会. 海洋发展重要论述 [M]. 杭州: 浙江大学出版社, 2012.

[33] 曲金良. 海洋文化百科知识 [M]. 长春: 吉林人民出版社, 2012.

[34] 日本海洋学会. 构筑未来之沿岸环境 [M]. 上海: 上海译文出版社, 2016.

[35] 沈顺根, 钱秀贞. 资源海洋开发利用富饶的蓝色宝库 [M]. 北京: 海潮出版社, 2004.

[36] 孙娜,廖维晓.论海洋资源开发管理机制构建[J].学术交流,2015(02):116-121.

[37] 孙松.我国海洋资源的合理开发与保护[J].中国科学院院刊,2013,28(02):264-268.

[38] 孙英杰.海洋与环境大海母亲的予与求[M].北京:冶金工业出版社,2011.

[39] 田华,辛蕾.话说中国海洋生态保护[M].广州:广东经济出版社,2014.

[40] 王斌.中国海洋环境现状及保护对策[J].环境保护,2006(20):24-29.

[41] 王琪,刘芳.海洋环境管理:从管理到治理的变革[J].中国海洋大学学报(社会科学版),2006(04):1-5.

[42] 王琪.海洋环境问题及其政府管理[J].青岛海洋大学学报(社会科学版),2002(04):96-101.

[43] 王倩,李亚宁.渤海海洋资源开发和环境问题研究[M].北京:海洋出版社,2018.

[44] 王泽宇,卢函,孙才志.中国海洋资源开发与海洋经济增长关系[J].经济地理,2017,37(11):117-126.

[45] 温海明.海洋资源开发利用与环境可持续发展问题研究[J].绿色科技,2012(10):116-119.

[46] 吴险峰.我国海洋环境保护的法律原则和政策措施[J].海洋环境科学,2005(03):72-76.

[47] 夏章英.海洋环境管理[M].北京:海洋出版社,2014.

[48] 谢素美,徐敏.海洋环境保护价值探析[J].海洋开发与管理,2006(04):79-83.

[49] 谢宇.日益严峻的海洋环境[M].北京:原子能出版社,2004.

[50] 辛仁臣,刘豪.海洋资源[M].北京:中国石化出版社,2008.

[51] 忻海平.海洋资源开发利用经济研究[M].北京:海洋出版社,2009.

[52] 徐祥民,申进忠,等.海洋环境的法律保护研究[M].北京:中国海洋大学出版社,2006.

[53] 闫枫.国外海洋环境保护战略对我国的启示[J].海洋开发与管理,2015,32(07):98-102.

[54] 杨盼盼.我国海洋资源开发中存在的问题及对策[J].对外经贸,2015(03):145-146.

［55］叶向东．现代海洋经济理论［M］．北京：冶金工业出版社，2006.

［56］于志刚，孟范平，等．海洋环境［M］．北京：海洋出版社，2009.

［57］禹奇才．美丽中国之保护海洋［M］．广州：广东科技出版社，2013.

［58］袁红英．海洋生态文明建设研究［M］．济南：山东人民出版社，2014.

［59］张建春．生态环境保护与旅游资源开发［M］．杭州：浙江大学出版社，2010.

［60］张明亮．海洋能资源开发利用［M］．沈阳：辽宁人民出版社，2017.

［61］张颖，密晨曦．平安海洋中国的海洋法律与海洋权益［M］．北京：五洲传播出版社，2014.

［62］郑苗壮，刘岩，李明杰，丘君．我国海洋资源开发利用现状及趋势［J］．海洋开发与管理，2013，30（12）：13-16.

［63］周世锋，秦诗立．海洋开发战略研究［M］．杭州：浙江大学出版社，2009.

［64］周衍庆．论中国的海洋环境与资源保护［J］．人民论坛，2014（11）：96-98.

［65］朱红钧，赵志红．海洋环境保护［M］．东营：石油大学出版社，2015.

［66］朱建庚．海洋环境保护的国际法［M］．北京：中国政法大学出版社，2013.

［67］朱建庚．中国海洋环境保护法律制度［M］．北京：中国政法大学出版社，2016.

［68］朱庆林，郭佩芳，张越美．海洋环境保护［M］．青岛：中国海洋大学出版社，2011.

［69］朱晓东，等．海洋资源概论［M］．北京：高等教育出版社，2005.

［70］邹景忠．海洋环境科学［M］．济南：山东教育出版社，2004.